高等职业教育课程改革项目研究成果系列教材
“互联网＋”新形态教材

电子产品设计与制作

主　编　刘　洋
副主编　石开富　余振标

北京理工大学出版社
BEIJING INSTITUTE OF TECHNOLOGY PRESS

内容简介

本书共5个模块，前2个模块是学习指南与电子产品开发过程概论；后3个模块内容按真实电子产品设计与制作的先后顺序编排，包括电路设计与测试实训，产品性能评估、测试与电路设计修改及设计变更设计案例。每个模块以实际的工业案例导入，从实际的电子产品从业人员的企业要求、电子产品生命周期流程、电子产品开发流程介绍开始认知，到开发计划表的制定、产品规格书的编制、电路方框图的设计、电路图的设计、材料清单的制作及 PCB 设计资料输出，突出了真实电子企业产品设计的过程和部分重要设计文件的形成。其中第3个模块从全新的视角介绍了电动车尾灯闪烁器的设计思路与过程，第4个模块介绍了电动车尾灯闪烁器的产品性能评估、测试与电路设计修改，第5个模块介绍了派生机型的设计。每个模块都有单项练习，最后完成项目的设计与制作，实现从简单到复杂、教学做合一的教学和自主学习。

本书每个模块的单项练习、电路设计与测试、思考与提高等，可以作为平时课堂理论考核题。也配有电子课件，可以免费下载。

本书体系新颖，内容丰富，图文并茂，突出实训和项目制作，可作为高职院校、中高职衔接的高职阶段的电子信息、电气自动化、机电一体化等专业的教材和教学参考书，也可供相关领域的工程技术人员参考。

图书在版编目（CIP）数据

电子产品设计与制作 / 刘洋主编. -- 北京 : 北京理工大学出版社，2021.9(2022.1 重印)

ISBN 978－7－5763－0398－8

Ⅰ. ①电… Ⅱ. ①刘… Ⅲ. ①电子产品－设计－高等职业教育－教材②电子产品－制作－高等职业教育－教材 Ⅳ. ①TN602②TN605

中国版本图书馆 CIP 数据核字(2021)第 197009 号

出版发行 / 北京理工大学出版社有限责任公司
社　　址 / 北京市海淀区中关村南大街 5 号
邮　　编 / 100081
电　　话 / (010) 68914775（总编室）
　　　　　(010) 82562903（教材售后服务热线）
　　　　　(010) 68944723（其他图书服务热线）
网　　址 / http://www.bitpress.com.cn
经　　销 / 全国各地新华书店
印　　刷 / 三河市天利华印刷装订有限公司
开　　本 / 787 毫米×1092 毫米　1/16
印　　张 / 11
插　　页 / 3
字　　数 / 252 千字
版　　次 / 2021 年 9 月第 1 版　2022 年 1 月第 2 次印刷
定　　价 / 38.00 元

责任编辑 / 王艳丽
文案编辑 / 王艳丽
责任校对 / 周瑞红
责任印制 / 施胜娟

前言

为了主动适应第四次工业革命，需要建设人工智能、物联网、大数据、智能制造等新兴交叉学科和国家紧缺领域的新工科系列教材。这些教材应遵循学生的认知规律，以学生为中心，以学习成果为导向，注重对学生综合素质的培养；应充分利用信息化教学手段，探索教与学的新范式，采用情景式、协作式、体验式、探究式等学习方式激发学生的创造力；注重培养学生的批判性思维、表达与思考能力、终身学习能力，使之既适应行业需要又适应社会快速发展需要。同时教师的角色由知识的传授者变为学习任务的设计者、教学过程的组织者、学习效果的检查者。

传统的教材开发模式及展现形式已难以满足新工科人才培养的要求，为此，在新工科教材的开发上需要注重以下四点：一是教材要具有相当的开放性，能适应新知识、新技术和新工艺的随时融入；二是教材要方便移动学习、碎片化学习、线上与线下结合学习；三是教材要注重引进企业资源，加强校企“双元”教材合作开发力度，实训内容要真、要新、要充足，满足学生技能训练的需求；四是教材要突出情景教学、案例教学和任务驱动教学，强化“做中学、学中做”。这样高质量、创新型的教材是培养优秀新工科人才的基本保证。

本教材是基于国家职业标准（先进电子企业标准）、基于工作过程系统化的课程体系，与企业进行紧密合作共同完成编写。通过分析专业培养目标，确定职业技能描述的课程教学目标，开发出本教材的任务驱动教学模块，满足“做中学、学中做”教学新范式的要求。本书具备以下特点。

1. 理论结合实践，突出训练电子产品设计基本能力

本教材的编写采取“先思考后做”模式，即先给出学完本模块后所要完成的训练任务，然后详细叙述训练任务所需的知识点，将过去学过的电路基础、模拟电子技术、数字电子技术、电子CAD等知识融入其中，加以综合运用与提升，从而实现巩固所学知识、扎实基本设计能力、提高相关技能的目的。

2. 贴近行业规范，注重培养职业综合素质和能力

本教材内容与电子技术行业的职业要求相结合，将企业、行业中应知、应会的相关行业规范、职业素养和岗位技能等分别融入教材，例如介绍了电子产品生命周期流程、电子产品开发流程、开发计划表的制定、电子产品设计文件的基本内容、电子产品工艺文件的基本内容等。

3. 创新形式，叙述深入浅出

本教材内容叙述深入浅出、文字通俗易懂，版面编排图文并茂，版式灵活。教材用反映不同学习方式的图文，引导学生收集和处理信息；用图片形式引入学生的生活经验，激发学生学习兴趣。

4. 任务驱动，教学做一体化

全书均采用实际典型电路、企业行业规范文件为知识、技能训练的载体；以任务驱动、项目导向实施教学过程，课程内容结构充分体现了教学做一体化。将行业、职业标准有机整合，每个模块均从认知开始，到训练任务，再到完成项目的设计与制作，实现从简单到复杂、教学做合一的教学和自主学习。

“电子产品设计与制作”是在学生学习完“电路基础”“模拟电子技术”“数字电子技术”“电子 CAD”等课程的基础上，为进一步强化对理论知识的理解及应用而开设的综合训练课程。本课程通过“电动车尾灯闪烁器”设计项目的训练，使学生了解电子企业电子产品实际设计流程；掌握常用仪器仪表的使用方法；掌握基本电路的设计、测量方法；初步具备电子产品的设计能力，分析问题、解决问题的能力，工程技术文件的编写能力。本课程为专业核心课，也是职业能力课。

本教材内容按照高职高专人才培养方案中培养目标、培养规格以及高职院校学生的认知特点等方面的要求来设置，遵循学生的认知规律，由浅入深、由简单到复杂，同时遵循职业技能成长规律。本教材设计以现代先进电子企业电子产品的生命周期为线索来展开，突出产品从构思、功能定义、到电路设计、检测的职业能力训练。通过对先进企业实际案例的讲解，结合具体的“电动车尾灯闪烁器”设计案例，采取边学边做、边做边学、演示、小组讨论等形式，充分开发学习资源，给学生提供丰富的实践机会。本教材理论与实践相结合，实现了专业性与职业性的统一，充分考虑了提高职业能力的训练，紧贴先进企业的研发、生产的实际状况。

本书由中山职业技术学院刘洋担任主编，广东超川电子科技有限公司石开富、中山职业技术学院余振标担任副主编。本书在编写过程中参考了大量的国内外著作及行业资料，在此对这些文献的作者表示由衷的感谢。

由于编者水平有限，书中难免还存在一些错误和不足，殷切希望读者批评指正。

编　者

本书知识与技能结构组成

模块	学习目标	学习与工作任务					课时	教学成果
模块1：学习指南	①教学目标 ②从业人员的企业要求 ③学习导图	①了解本课教学目标 ②了解电子产品从业人员的企业要求 ③领会学习导图意义					2	
模块	学习目标	学习与工作任务	教学载体	认知内容	训练任务	制作项目	课时	教学成果
模块2：电子产品开发过程概论（企业案例）	了解电子产品生命周期	认识电子产品生命周期	企业C流程图（Check Point Flow）	电子产品是有生命的，是有始有终的			2	企业C流程图认知
	掌握电子产品开发流程	学习电子产品开发管理及技术人员必须具备的“电子产品开发流程”	企业电子产品“开发流程图”	①产品开发的过程中关键步骤：可行性样机、样机试制、样机调试、样机定型 ②产品开发的团队合作与分工：硬件部分、软件部分、结构与美工部分	制定“电动车尾灯闪烁器开发流程”		2	项目报告：电动车尾灯闪烁器开发流程
	会制定产品开发计划表	熟悉并制定产品开发管理人员及技术人员必须掌握并能理解的“电子产品开发计划表”（Product Development Schedule，PDS）	一个实际音箱系统的PDS（企业的实际PDS）	①产品开发的时效性 ②明确产品开发过程中各项任务的责任人	制定“电动车尾灯闪烁器开发计划表”		2	项目报告：电动车尾灯闪烁器开发计划表
	会确定及编制电子《产品规格书》	学习电子《产品规格书》的确定方法及编制方法	一款便携式吸尘器的实际产品规格书	①产品必须具备的安全特性 ②电气特性（包括额定工作条件及输入输出特性等）；结构及外观特性（包括机械尺寸、重量、颜色等）	制定“电动车尾灯闪烁器”的产品规格书		2	项目报告：制定“电动车尾灯闪烁器”的产品规格书

续表

模块	学习目标	学习与工作任务	教学载体	认知内容	训练任务	制作项目	课时	教学成果
模块2： 电子产品开发过程概论（企业案例）	了解方框图作用，会设计方框图	①电子工程师：必须掌握方框图的设计方法 ②技术员：了解方框图的作用，掌握看方框图的方法	①一款LCD TV主板方框图 ②一款LCD TV的电源树	①方框图的主要作用 ②特殊方框图——电源树 ③方框图设计的六要素	设计“电动车尾灯闪烁器”电路方框图		2	项目报告：提交“电动车尾灯闪烁器”的电路方框图
	掌握电子企业材料清单（BOM）的架构	学习BOM的分层原则及方法，并根据企业的实际情况制作分层BOM	一款LCD TV主板的材料清单（BOM）	①BOM必须包含的栏目 ②实际企业使用BOM的分层作用 ③BOM的分层原则及方法	制作“电动车尾灯闪烁器”方框图分层材料清单		2	项目报告：“电动车尾灯闪烁器”的分层材料清单
	电子工程师： ①会PCB设计方法及要点 ②会PCB输出的设计文件	①学习PCB设计规则要点 ②进行PCB设计及输出文件	“电动车尾灯闪烁器”PCB	①简要的PCB设计规则 ②PCB输出的设计资料（顶层丝印、底层丝印、顶层COPPER、顶层焊盘、底层COPPER、底层焊盘、钻孔资料等）	分析“电动尾灯闪烁器”的实际PCB资料		2	项目报告：“电动车尾灯闪烁器”PCB输出文件资料
模块3： 电路设计与测试实训	能根据产品的规格要求确定电路的逻辑及信号	①电路逻辑功能表（真值表） ②逻辑表达式及化简 ③输出与各输入的逻辑关系 ④选择适合的信号	以“电动车尾灯闪烁器”规格要求为出发点，列出电路的逻辑表（真值表）	①产品规格书 ②电路真值表 ③真值表的化简 ④信号最简逻辑表达式 ⑤信号选择	分析“电动车尾灯闪烁器”的各种规格要求	“电动车尾灯闪烁器”的设计第一阶段	2	项目报告：完成“电动车尾灯闪烁器”逻辑功能的最简表达式

续表

模块	学习目标	学习与工作任务	教学载体	认知内容	训练任务	制作项目	课时	教学成果
模块3：电路设计与测试实训	任务1：学会时钟信号（方波）电路的设计与测试	根据任务1的信号逻辑关系进行方框图设计、电路原理图设计、材料清单生成、PCB资料输出、电路装配、调试及信号测量	“电动车尾灯闪烁器”任务1的时钟信号电路模块	①将信号逻辑方框图画出 ②555设计多谐振荡器 ③低频信号的频率、周期、幅度、占空比 ④电容充电时间计算、放电时间计算	时钟信号（脉冲方波）电路的设计、组装	“电动车尾灯闪烁器”任务1的电路设计制作	6	项目报告及作品：时钟信号生成电路的设计与制作
	任务2：学会闪烁模式控制及电子模拟开关电路的设计与测试	根据任务2的信号逻辑关系进行方框图设计、电路原理图设计、材料清单（BOM）生成、PCB资料输出、电路装配、调试及信号测量	“电动车尾灯闪烁器”任务2的闪烁模式控制及电子模拟开关电路	①电子模拟开关器件特性的掌握及应用 ②转向开关及闪烁开关的设计	闪烁模式控制及电子模拟开关电路的设计与测试	“电动车尾灯闪烁器”任务2的电路设计制作	6	项目报告及作品：闪烁模式控制及电子模拟开关电路设计与制作
	任务3：学会逻辑变换电路的设计与测试	根据任务3的信号逻辑关系进行方框图设计、电路原理图设计、材料清单（BOM）生成、PCB资料输出、电路装配、调试及信号测量	“电动车尾灯闪烁器”任务3的逻辑变换电路	①二极管、NPN三极管 ②晶体管非门电路与二极管或门电路的应用设计 ③非门与或门的逻辑功能测量与判断方法	逻辑变换电路的设计与测试	①逻辑变换电路方框图设计 ②非门、或门逻辑电路的设计 ③电路原理图及PCB设计	6	会使用双踪存储示波器；电子CAD定制的印制电路板PCB

续表

模块	学习目标	学习与工作任务	教学载体	认知内容	训练任务	制作项目	课时	教学成果
模块3： 电路设计与测试实训	任务4： 学会LED显示及驱动电路的设计与测试	根据任务4的信号逻辑关系进行方框图设计、电路原理图设计、材料清单（BOM）生成、PCB资料输出、电路装配、调试及信号测量	“电动车尾灯闪烁器”任务4的LED显示及驱动电路	①三极管驱动LED电路的设计方法 ②LED工作电流的设计 ③三极管饱和与截止状态测量方法与判断方法	LED显示及驱动电路的设计及信号测量；三极管饱和与截止状态测量与判断	①显示驱动电路的设计任务确定、方框图设计 ②晶体管驱动电路设计 ③LED显示电路设计 ④电路原理图及PCB设计	6	会万用表的使用；电子CAD定制的印制电路板PCB
模块4： 产品性能评估、测试与电路设计修改	①电子产品整机测试及性能评估 ②验证设计输入 ③会电路设计修改确认，提升实际问题解决能力	①电子产品整机测试及性能评估 ②验证设计输入 ③电路设计修改确认	制作完成的“电动车尾灯闪烁器”；《样机评估测试报告》；《产品规格书》	①整机测试内容及方法 ②实际问题的分析能力 ③品质工程师：整机测试内容及方法；电路设计修改方法及步骤	①产品整机性能评估、测试设计验证 ②电路设计产品性能评估、测试与电路设计修改	①了解《样机评估报告》样机问题分析方法 ②设计修改后的重新测试	4	完成的“电动车尾灯闪烁器”（一）；《样机评估测试报告》；《产品规格书》

续表

模块	学习目标	学习与工作任务	教学载体	认知内容	训练任务	制作项目	课时	教学成果
模块5： 设计变更设计案例	能根据信号逻辑关系进行方框图设计、电路原理图设计、材料清单生成、PCB资料输出、电路装配、调试及信号测量	①新设计任务确定 ②电路逻辑信号化简 ③方框图设计 ④原理图设计与分析 ⑤BOM生成 ⑥PCB设计 ⑦安装与测试	产品的派生机型（设计变更）设计案例	研发工程师：派生机型设计流程；派生机型的设计方法	根据派生机型的设计案例，改变显示方式的“电动车尾灯闪烁器”设计	①派生机型的设计任务确定、方框图设计 ②派生机型的电路原理图及PCB设计 ③BOM制作 ④派生机型的整机制作与测试	8	①电子CAD定制的印制电路板PCB ②“电动车尾灯闪烁器（二）”

目录

模块 1　学习指南——电动车尾灯闪烁器的设计与制作 …… 1
1.1　教学目标 …… 1
1.2　电子产品从业人员的企业要求 …… 2
1.3　学习导图——电动车尾灯闪烁器的设计、制作及测试 …… 3
模块 2　电子产品开发过程概论（企业案例） …… 5
2.1　电子产品生命周期介绍 …… 5
2.1.1　产品生命周期概述 …… 5
2.1.2　产品的起点——C0 …… 10
2.1.3　谋划阶段与 C1 节点 …… 10
2.1.4　设计验证阶段与 C2 节点 …… 10
2.1.5　EVT 阶段与 C3 节点 …… 11
2.1.6　DVT 阶段与 C4 节点 …… 12
2.1.7　PVT 阶段与 C5 节点 …… 13
2.1.8　MP 阶段与 C6 节点 …… 14
2.2　电子产品开发流程介绍 …… 15
2.3　开发计划表的制定 …… 18
2.3.1　实际产品开发计划表的介绍 …… 18
2.3.2　开发计划表的重要事项 …… 18
2.3.3　制定“电动车尾灯闪烁器开发计划表” …… 19
2.4　电子产品《产品规格书》的确定及编制 …… 20
2.4.1　《产品规格书》确定的一般原则 …… 20
2.4.2　《产品规格书》一般包含的主要内容 …… 21
2.4.3　电动车尾灯闪烁器的设计任务确定 …… 21
2.5　电路方框图的设计与电路原理图设计 …… 24
2.5.1　电路方框图的作用与设计 …… 24
2.5.2　电路原理图设计 …… 28

2.6 材料清单的架构及分层 …… 29
2.6.1 电子企业实际使用的BOM介绍 …… 29
2.6.2 电子企业BOM题头介绍 …… 29
2.6.3 企业BOM栏目介绍 …… 30
2.6.4 企业BOM分层介绍 …… 31
2.6.5 BOM分层的作用 …… 32
2.6.6 实际动手制作分层BOM …… 34
2.7 PCB设计资料输出 …… 37
2.7.1 铜皮面布线（铜箔）资料 …… 38
2.7.2 铜皮面焊盘图片（SOLEDER MASK）资料 …… 39
2.7.3 钻孔图资料 …… 40
2.7.4 元件面丝印资料 …… 42
2.7.5 底面丝印资料 …… 43
2.7.6 内层布线资料 …… 44
2.7.7 “电动车尾灯闪烁器”PCB介绍 …… 45
2.8 思考与练习 …… 46
模块3 电路设计与测试实训 …… 49
3.1 电路逻辑状态描述、化简与信号选择设计 …… 49
3.1.1 电路逻辑功能表或真值表 …… 49
3.1.2 逻辑表达式及逻辑化简 …… 51
3.1.3 控制信号选择与设计 …… 53
3.2 任务1：时钟信号（方波）电路的设计与测试 …… 55
3.2.1 设计任务的确定 …… 55
3.2.2 电路逻辑状态描述、化简与信号选择 …… 55
3.2.3 方框图的设计 …… 55
3.2.4 电路原理图设计及原理分析 …… 56
3.2.5 BOM生成 …… 60
3.2.6 在PCB上的装配位置 …… 61
3.2.7 电路测试 …… 61
3.2.8 学习总结 …… 65
3.2.9 思考与练习 …… 65
3.3 任务2：闪烁模式控制及电子模拟开关电路的设计与测试 …… 66
3.3.1 任务确定 …… 66
3.3.2 电路逻辑、化简及信号选择 …… 66
3.3.3 方框图设计 …… 67
3.3.4 电路原理图设计及原理分析 …… 68
3.3.5 BOM生成 …… 72
3.3.6 在PCB上的安装位置以及L、R、F信号测试点位置 …… 72

3.3.7　电路测试 …… 75
3.3.8　思考与练习 …… 75
3.4　任务3：逻辑变换电路的设计与测试 …… 76
3.4.1　设计任务确定 …… 76
3.4.2　电路逻辑、化简及信号选择 …… 77
3.4.3　方框图设计 …… 77
3.4.4　电路原理图设计与原理分析 …… 77
3.4.5　BOM 生成 …… 78
3.4.6　元件装配位置图及相关测试点位置图 …… 79
3.4.7　电路测试 …… 80
3.4.8　思考与练习 …… 82
3.5　任务4：LED 显示及驱动电路的设计与测试 …… 84
3.5.1　设计任务确定 …… 84
3.5.2　电路逻辑、化简及信号选择 …… 84
3.5.3　方框图设计 …… 84
3.5.4　原理图设计及电路原理分析 …… 85
3.5.5　BOM 生成 …… 89
3.5.6　元件装配及测试位置 …… 89
3.5.7　电路测试 …… 91
3.5.8　思考与练习 …… 92
模块4　产品性能评估、测试与电路设计修改 …… 95
4.1　电子产品整机测试及性能评估 …… 95
4.1.1　评估测试内容 …… 95
4.1.2　新样机评估报告实例 …… 95
4.2　电路设计修改 …… 99
4.2.1　新样机问题收集 …… 100
4.2.2　电路设计修改 …… 101
4.2.3　电路设计修改确认 …… 107
模块5　设计变更（派生机型）设计案例 …… 113
5.1　设计任务确定（全亮全暗的闪烁方式） …… 113
5.2　电路逻辑信号、化简（全亮全暗的闪烁方式） …… 116
5.3　方框图设计 …… 117
5.3.1　时钟信号生成功能电路方框图 …… 118
5.3.2　开关控制及信号选择功能电路方框图 …… 118
5.3.3　逻辑转换电路功能方框图 …… 118
5.3.4　LED 驱动显示电路功能方框图 …… 119
5.3.5　总方框图 …… 119
5.4　电路原理图设计与原理分析 …… 119

5.5 BOM 生成 …… 121
5.6 PCB 设计 …… 122
5.7 安装 …… 122
5.8 电路测试 …… 123
5.8.1 波形测试 …… 123
5.8.2 电路功能测试 …… 123
5.9 思考与练习 …… 123
附录 1 电子企业常见英文缩写及意思 …… 124
附录 2 PCB 设计规范（仅供参考） …… 135
附录 3 部分习题参考答案 …… 140
附录 4 器件规格书（中文版本） …… 150

模块 1

学习指南
——电动车尾灯闪烁器的设计与制作

1. 电动车尾灯闪烁器的功能

使用生活中常见的直流电源 12 V（交流适配器）或 12 V 的电瓶车蓄电池作电源，应用掌握的基础电路理论、电路分析知识及常用的电阻、电容、二极管、三极管等电子元器件，设计并制作一款具有实际使用价值的电动车尾灯闪烁器。

该闪烁器采用普通的、价格低廉的显示器件——发光二极管（Light - Emitting Diode，LED），本电路中选用发光效率高的红色圆形（直径为 5 mm）LED。利用特别设计的位置排列和布局形成双箭头形状，通过电路控制在不同的时刻点亮不同的 LED，利用人眼的视觉暂留特性，造成有方向感的闪烁效果。

最终，电动车尾灯闪烁器应能具备以下功能。

①闪烁警示显示。

②左转方向显示。

③右转方向显示。

2. 电动车尾灯闪烁器的应用场合

该闪烁器可加装在电动车或电动自行车的车头或车尾，也可以同时在车头和车尾安装，利用其“闪烁警示显示”“左转方向显示”“右转方向显示”功能，在夜间行车或雨雾天行车时，提醒前后机动车或路人及时避让，增加行车出行安全系数。

1.1 教学目标

（1）了解工厂实际电子产品的设计流程。

（2）具有制定电子产品开发计划表（Product Development Schedule，PDS）的能力。

（3）掌握电路方框图的设计。

（4）掌握使用 555 器件组成振荡电路的原理，并理解振荡频率、信号幅度及占空比等概念。

（5）掌握使用模拟电子开关 IC（HC4052）作信号分配电路的原理。

（6）掌握用分立器件（二极管、三极管）实现数字逻辑非门、或门电路的功能。

（7）掌握使用 NPN 型晶体管驱动 LED 电路的原理。

(8) 具备制作企业电子产品材料清单 (Bill of Material, BOM) 的能力。
(9) 掌握低频信号 (1~50 Hz) 波形的测量方法。
(10) 会测试逻辑非门电路、或门电路的逻辑电平值。
(11) 通过测量，会识别 NPN 晶体管的饱和状态和截止状态。
(12) 具备一般控制信号电路、主信号分配电路、LED 显示电路的分析能力。
(13) 具备一般逻辑电路、显示驱动电路、低频信号多谐振荡电路的测试能力。
(14) 具备一般多谐振荡电路、主信号分配电路及晶体管驱动电路的设计能力。
(15) 初步掌握整机电路设计技能。
(16) 掌握电子产品整机电路性能指标测试、功能测试的内容及方法。
(17) 具备设计修改能力。
(18) 了解派生机型 (设计变更) 的设计方法。

1.2 电子产品从业人员的企业要求

电子企业典型技术工作岗位的知识、技能要求见表 1-1。

表 1-1 电子企业典型技术工作岗位的知识、技能要求

知识及技能	电子企业典型技术工作岗位					
	生产型企业		研发型企业			
	PE 技术员	PE 工程师	测试工程师 (TE)	绘图技术员	研发助理工程师	电路研发工程师
工作流程及岗位责任	△	△	△	△	△	△
看懂材料清单 (BOM)	△	△	△	△	△	△
识读方框图	△	△	△	△	△	△
电路方框图的设计					△	△
电路原理图分析	△	△	△	△	△	△
电压、电流测量	△	△	△	△	△	△
信号波形测量		△	△		△	△
晶体管开关电路分析设计	△	△	△		△	△
逻辑非、或电路分析设计	△	△	△		△	△
逻辑分析与设计	△	△	△		△	△
电路原理图绘制				△	△	△
电路原理图设计				△	△	△

续表

知识及技能	电子企业典型技术工作岗位具备					
	生产型企业		研发型企业			
	PE 技术员	PE 工程师	测试工程师（TE）	绘图技术员	研发助理工程师	电路研发工程师
PCB 设计				△	△	△
生产工艺流程设计	△	△				△
可靠性测试			△		△	△

注：PE（Product Engineer、Process Engineer）意为产品工艺工程师。

TE（Testing Engineer）意为产品测试工程师。

BOM（Bill of Materials）意为材料清单。

通过本教材的学习，要求学生能达到电子企业研发助理工程师的水平，能够胜任 PE 技术员、PE 工程师、测试工程师（TE）、研发助理工程师等技术岗位。

1.3　学习导图——电动车尾灯闪烁器的设计、制作及测试

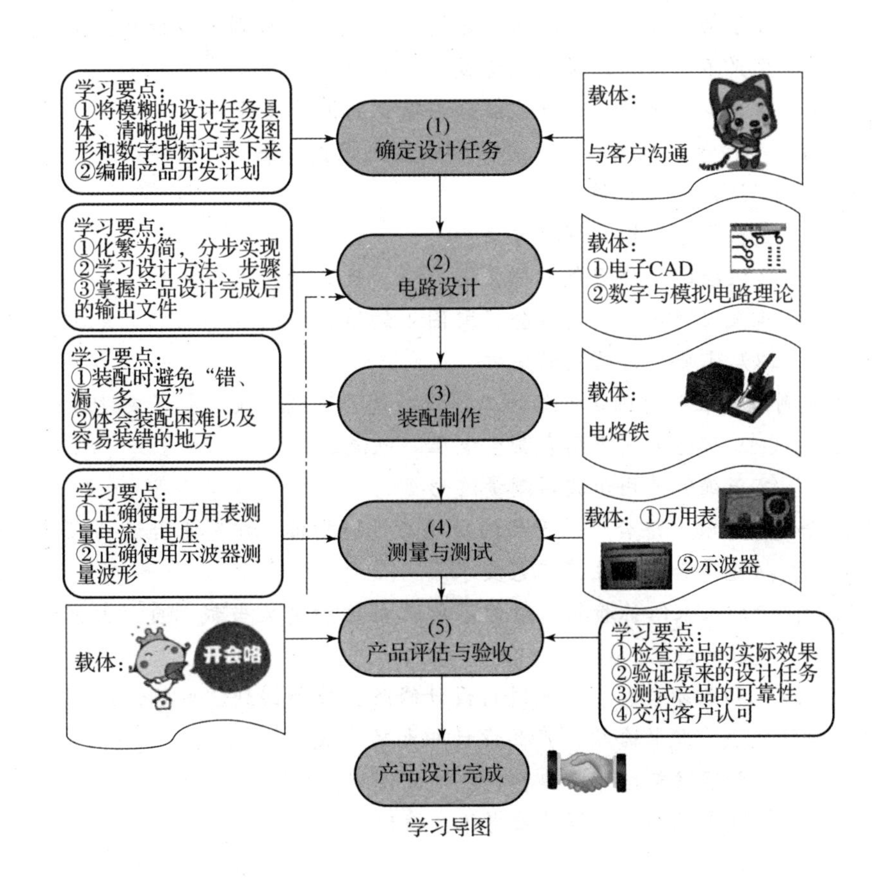

学习导图

导图分析

本课程是在了解电子产品设计过程的基础上，以“电动车尾灯闪烁器的设计、制作及测试”为项目展开，综合运用学过的模拟电路和数字电路的理论知识以及电子 CAD 的技能，按照企业研发产品的流程进行设计、制作、测试和检验项目设计，从而使我们掌握电子产品的设计方法及关键环节。

导图分析

该导图关键环节如下。

(1) 确定设计任务：看准方向走路很重要，否则“失之毫厘，谬以千里”。

小贴士：①与任务来源地的相关人员勤沟通，保持密切联系。将头脑里想象的、可能的要求明确地记录下来，编写好《产品规格书》。

②制定一个完成设计任务的时间表，希望在规定的时间内完成这项工作。

(2) 电路设计：综合应用数字电路、模拟电路等知识设计一个电子产品。

小贴士：①化繁为简，分步实现（将电动车尾灯闪烁器分成 4 个任务来设计）。

②学习设计方法、设计步骤。

③了解电子工厂的要求，不可闭门造车；否则，设计出来的产品工厂生产不出来，结果只能变成一个实验品。

④掌握一个产品设计完成后应输出的设计文件。

(3) 装配制作：将计算机里的技术文件或者蓝图变成一个真实的样品。

小贴士：①认识电子元器件。

②懂得电烙铁的焊接方法。

③装配时，要避免“错、漏、多、反”的情况出现。

④装配焊接时，要体会装配困难的地方以及容易装错的地方，这就是以后需要设计改良的地方。

(4) 测量与测试：准确地确认电路的工作状态是否达到了设计要求或设计目标。

小贴士：①正确地使用万用表测量电压、电流。

②正确地使用示波器测量波形。

(5) 产品评估与验收：综合评估产品的功能与性能指标，核查是否达到《产品规格书》的要求，核查是否满足生产工艺要求。

小贴士：请别人来给你验收。请你不要既当运动员又当裁判员，大家说好，才是真的好。

(6) 设计修改：验收不合格，必须进行设计修改，重新回到“电路设计”。

(7) 产品设计完成：验收合格，产品设计即大功告成。

小贴士：①别忘记整理并输出各种设计文件哦！

②别忘记写产品设计心得体会哦！

模块 2

电子产品开发过程概论（企业案例）

2.1 电子产品生命周期介绍

2.1.1 产品生命周期概述

当今社会，电子产品越来越多地渗透到人们的日常生活当中，有满足人们视觉、听觉享受的电视机、影碟机、音响等，也有协助人们工作的计算机、打印机等，有减轻家务劳动的洗衣机、洗碗机等，有方便人们互相通信的手机，也有年轻人喜爱的掌上电子游戏机等。在工业生产、医疗检测等领域，更是用到各种各样的电子设备和仪器，可以说电子产品的应用已经遍布各行各业。

电子产品与世界上任何事物一样，也是具有“生命”的，它们也经过萌芽、初生、发展、鼎盛、衰落、终结等“生命”阶段。

收音机诞生于 19 世纪 20 年代，经历了矿石收音机、电子管收音机、晶体管收音机、集成电路收音机、DSP 收音机等阶段。

收音机发展史

1888 年德国科学家赫兹（Heinrich Hertz）发现了无线电波的存在。1895 年俄罗斯物理学家波波夫（Alexander Stepanovitch Popov）宣称在相距 600 码（yd，1 yd = 0.914 m）的两地，成功地收发无线电信号。同年稍后，一个富裕的意大利地主的儿子——年仅 21 岁的马可尼（Guglielmo Marconi）在他父亲的庄园内，以无线电波成功地进行了第一次发射。1897 年波波夫以他制作的无线通信设备，在海军巡洋舰上与陆地上的站台进行通信成功。

1901 年马可尼发射无线电波横越大西洋。1906 年加拿大发明家费森登（Reginald Fessenden）首度发射出“声音”，无线电广播就此开始。同年，美国人德·福雷斯特（Lee de Forest）发明真空电子管，是真空管收音机的始祖。

自 1919 年开发了无线电广播后的一个多世纪中，收音机经历了电子管收音机、晶体管收音机、集成电路收音机的三代变化，功能日趋增多，质量日益提高。自 20 世纪 80 年代开始，收音机又朝着电路集成化、显示数字化、声音立体化、功能自动化、结构小型化等方向发展。

1. 矿石收音机

今天，我们习惯把那些不使用电源，电路里只有一个半导体元件的收音机统称为“矿石收音机”。矿石收音机是指用天线、地线以及基本调谐回路和矿石做检波器而组成的没有放大电路的无源收音机，它是最简单的无线电接收装置，主要用于中波公众无线电广播的接收。1910 年，美国科学家邓伍迪和皮卡尔德用矿石来做检波器，故由此而得名。

由于矿石收音机无须电源，结构简单，深受无线电爱好者的青睐，至今仍有不少爱好者喜欢自己 DIY 和研究。但它只能供一人收听，而且接收性能也比较差，当时客观上也制约了无线电广播的普及和发展。1923 年 1 月 23 日，美国人在上海创办中国无线电公司，播送广播节目，同时出售收音机，以美国出品最多，其种类一是矿石收音机（图 2. 1），二是电子管收音机（图 2. 2）。

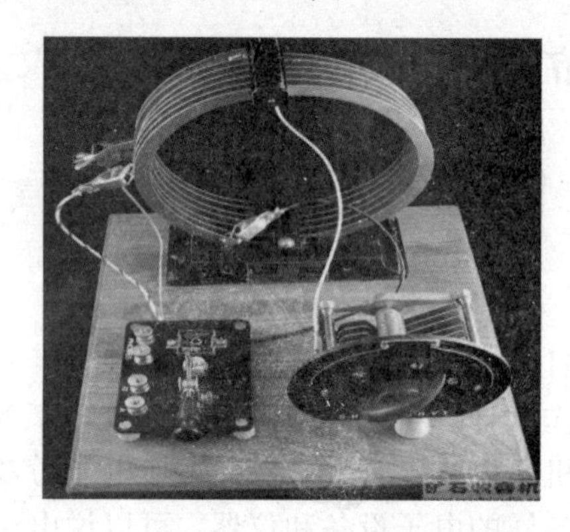

图 2. 1　矿石收音机

图 2. 2　电子管收音机

2. 电子管收音机

1904 年，世界上第一只电子管在英国物理学家弗莱明的手中诞生。人类第一只电子管的诞生，标志着世界从此进入了电子时代。电子管是一种在气密性封闭容器（一般为玻璃管）中产生电流传导，利用电场对真空中电子流的作用以获得信号放大或振荡的电子器件。电子管是电子时代的鼻祖，电子管发明以后，使收音机的电路和接收性能发生了革命性的进步和完善。

1930 年以前，几乎所有的电子管收音机都是采用两组直流电源供电，一组作灯丝电源，另一组作阳极电源，而且耗电较大，用不了多长时间就需要更换电池，因此收音机的使用成本较高。1930 年前后，使用交流电源的收音机研制成功，电子管收音机才较大范围地走进人们的家庭。但是由于电子管体积大、功耗大、发热严重、寿命短、电源利用效率低、结构脆弱且需要高压电源的缺点，现在它的绝大部分用途已经基本被固体器件晶体管所取代。

3. 晶体管收音机

晶体管是一种固体半导体器件（金、银、铜、铁等金属的导电性能好，叫做导体；木材、玻璃、陶瓷、云母等不易导电，叫做绝缘体；导电性能介于导体和绝缘体之间的物质，就叫半导体。晶体管就是用半导体材料制成的，这类材料最常见的便是锗和硅两种），可以用于检波、整流、放大、开关、稳压、信号调制和许多其他功能。1947 年 12 月 23 日，第一块晶体管在美国贝尔实验室诞生，这是 20 世纪的一项重大发明，是微电子革命的先声，从此人类步入了飞速发展的电子时代。

晶体管收音是一种小型的基于晶体管的无线电接收机。1954 年 10 月 18 日，世界上第一台晶体管收音机投入市场，仅包含 4 只锗晶体管。在晶体管出现以后，收音机才开始真正普及。我国在 20 世纪 50 年代末也开始研制晶体管收音机，并在 20 世纪 70 年代形成生产高潮。德国根德、日本索尼、荷兰飞利浦以及国产的红灯、牡丹、熊猫等著名品牌的老收音机，就是这段历史的佐证。1958 年，我国第一部国产半导体收音机研制成功，如图 2.3 所示。

图 2.3　晶体管收音机

晶体管收音机以其耗电少、不需交流电源、小巧玲珑、使用方便而赢得人们的喜爱，逐渐在市场上占据了主导地位，并成为最普及和廉价的电子产品。

晶体管是现代历史中最伟大的发明之一，晶体管发明以后，电子学取得了突飞猛进的进步。尤其是 PN 结型晶体管的出现，开辟了电子器件的新纪元，掀起了一场电子技术的革命。

4. 集成电路收音机

1958 年 9 月 12 日，基尔比研制出世界上第一块集成电路。从此，集成电路逐渐取代了晶体管，使微处理器的出现成为可能，奠定了现代微电子技术的基础，也为现代信息技术奠定了基础，开创了电子技术历史的新纪元。现在人们已经习以为常地认为一切电子产品的出现皆有可能。

在一块几平方毫米的极其微小的半导体晶片上，将成千上万的晶体管、电阻、电容、包括连接线做在一起，作为一个具有一定电路功能的器件来使用的电子元件，叫做“集成电路”。集成电路具有体积小、重量轻、引出线和焊接点少、寿命长、可靠性高、性能好等优点，同时成本低，便于大规模生产。本质上，集成电路是最先进的晶体管，集成电路使电子元件向着微小型化、低功耗和高可靠性方面迈进了一大步。用集成电路来装配电子设备，其装配密度比晶体管可提高几十倍至几千倍，设备的稳定工作时间也可大大提高。

我国在 1982 年出现了集成电路收音机，如图 2.4 所示。

5. DSP 收音机

DSP 技术收音机就是无线电模拟信号由天线感应接收后，在同一块芯片里放大，然后转化为数字信号，再对数字信号进行处理，最后还原成模拟音频信号输出的新型收音机。DSP 技术的本质是用“软件无线电”代替“硬件无线电”，它大大降低了收音机制造业的门槛，如图 2.5 所示。

图 2.4　集成电路收音机

图 2.5　DSP 收音机

2006 年美国芯科实验室首次研发出 DSP 技术收音机芯片，同年，全球规模最大的收音机制造商——深圳凯隆电子有限公司，与美国芯科实验室合作，开发出世界上第一台 DSP 收音机——KK－D48L。2007 年，深圳凯隆电子有限公司在深圳与上海组建 DSP 技术研发实验室。2009 年，完全具有自主知识产权的中、低端性能 DSP 收音机芯片诞生，从此，DSP 技术收音机进入普及时代。深圳凯隆电子有限公司也因此获得了国家级高新技术企业的殊荣。DSP 技术收音机的问世，标志着传统模拟收音机将逐渐退出历史舞台。收音机的数字时代已经到来。

中国人自己的收音机早期历史

1953 年，中国研制出第一台全国产化收音机（“红星牌”电子管收音机），并投放市场，如图 2.6 所示。

图 2.6　中国第一台收音机

1956 年，研制出中国第一只锗合金晶体管。

1958 年，我国第一部国产半导体收音机研制成功。

1965 年，半导体收音机的产量超过了电子管收音机的产量。

1980 年左右是收音机市场发展的高峰时期。

1982 年，出现了集成电路收音机，以及硅锗管混合线路和音频输出电路的收音机。

1985—1989 年，随着电视机和录音机的发展，晶体管收音机销量逐年下降，电子管收音机也趋于淘汰。收音机款式从大台式转向袖珍式。

电视机

电视机同样诞生于19世纪20年代，我国彩电业起步于20世纪70年代中期，至今已经历了3个历史时期：20世纪70年代中期至80年代初期的导入期；80年代中期至90年代初期的成长期；90年代中后期的成熟期。

电视机外观上经历了从黑白到彩色、从球面到平面、从小屏幕到大屏幕。

电视机技术上经历了从分立元件到集成电路、大规模集成电路，从模拟到数字的过程。

电视机的信号发展过程经历了从无线到有线、到网络电视、到移动电视的过程。

现在二三十年前使用的黑白电视机已经完全退出了历史舞台；慢慢地模拟电视也被数字电视所取代，球面电视被平面电视所取代。到2010年，3D（立体）电视也悄然问世了。这是社会发展进步的标志。

个人计算机（PC）的发展也经历了从大体积、低速、低存储容量到轻便小巧、快速、高存储容量的变化过程。每一种、每一款电子产品都经历了初生、发展、鼎盛、衰落、生命终结的过程。

随着的社会发展，电子产品更新换代的速度也越来越快，呈现出非常强烈的时代特性。其生命周期也越来越短，从20世纪中期的数十年生命周期到后来的数年，21世纪以来，迅速缩短到一年左右。

现在在大多数公司内部，一款电子产品都经过从构想、设计验证、产品开发、试产、大批量生产直到停产整个过程。每个环节都设有一个关卡（Checkpoint），进行严格的检查项目，合格则进入下一个环节；不合格则需设计修改，直到合格方能进入下一个环节。这就是C流程（Checkpoint Flow），如图2.7所示。

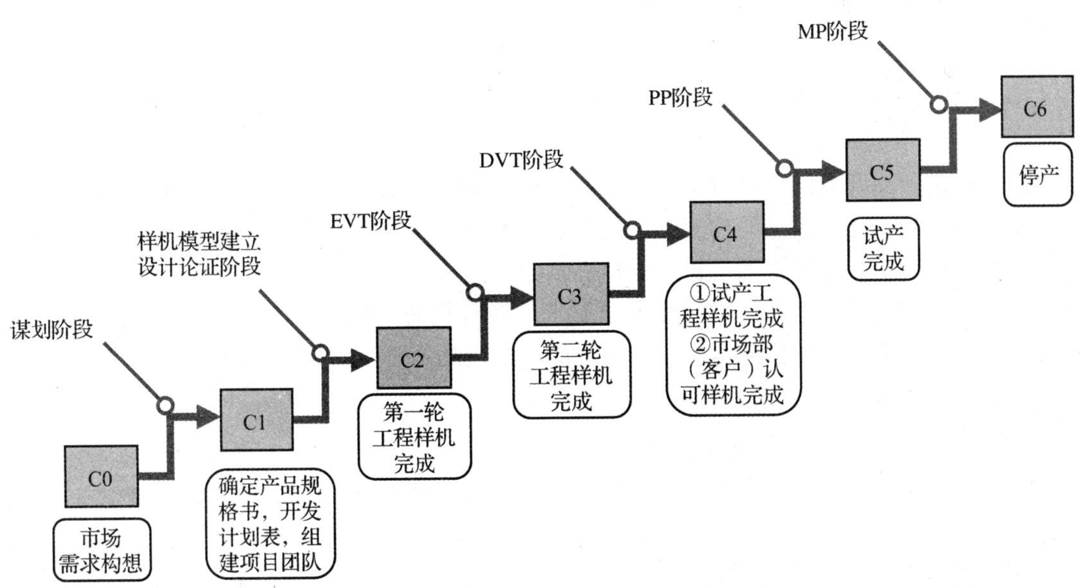

图2.7　产品的生命周期进程图（C流程图）

EVT（Engineering Validation Test）—工程验证测试；DVT（Design Validation Test）—设计验证测试；PP（Pre-Production）—试制；MP（Mass Production）—大量生产

实施 C 流程的主要目的如下。

（1）确保开发的产品品质及开发进度。

（2）区分职责，有效控制产品开发过程中的变动因素。

（3）明确各开发阶段的测试重点、技术文件及转移项目，确保顺利生产。

2.1.2 产品的起点——C0

市场的需求就是产品产生的源动力。一般来说，在特定社会阶段会存在对某种产品的需求，目光敏锐的公司会在第一时间发现这种潜在的需求而着手进行产品开发。公司内部担当这一角色的就是市场部（Marketing Department），他们在第一时间内提出新产品的市场定位、产品规格、功能、市场需求构想规格书（Market Requirement Specification），预计在将来的几个月时间内占领市场，为公司抢占先机，提升公司的竞争力，为公司带来丰厚的利润。

市场需求构想规格书一经提出，就是意味着一个新产品生命周期的开始，在 C 流程中称为 C0 阶段。

2.1.3 谋划阶段与 C1 节点

在此阶段，公司组织相关人员进行市场需求调研、产品研发调研。在 C1 节点时应当完成下述主要工作。

（1）正式确定新产品的《产品规格书》。

（2）确定新产品的开发计划表。

（3）确定新产品的测试计划表。

（4）组建项目研发团队。

2.1.4 设计验证阶段与 C2 节点

此阶段是产品开发的第一阶段，主要工作是根据市场需求构想规格书进行设计，建立样机模型，初步验证新产品的构想能否实现，故称为设计验证阶段。同时由于该阶段处于第一轮组装样机，故也称为第一轮工程样机阶段。

此阶段的前期仍然是进一步明确市场需求的各种构想与概念的阶段，主要是研发成员反复与市场人员进行密切沟通，进一步完善前一阶段的新产品《产品规格书》。

1. 设计验证阶段工作重点与目标（表 2.1）

表 2.1 设计验证阶段工作重点与目标

阶段	第一轮工程样机阶段
负责单位	产品研发部
目的	①设计、组装第一轮工程样机 ②初步验证《产品规格书》中主要性能、功能要求

续表

工作重点与目标	①电路方框图设计 ②硬件（HW）设计 ③软件（SW）设计 ④结构设计 ⑤PCB 设计 ⑥第一轮样机组装 ⑦第一轮样机测试

注：HW—Hardware，电路的硬件部分；SW—Software，电子产品中包含的软件部分。

2. C2 节点主要核查内容

（1）样机的设计性能测试报告、样机功能主管评价报告。

（2）提供初始 BOM。

（3）提供第一认证供应商列表。

（4）进行新产品 MTBF（Mean Time Between Failure，平均无故障时间）预估。

（5）提出产品兼容性、可靠性测试计划。

2.1.5　EVT 阶段与 C3 节点

EVT（Engineering Validation Test）阶段是依据首轮样机的测试结果进行设计修改，主要解决首轮样机测试报告中出现的各种漏洞或不良点，进一步提高新产品的性能。修改完成后，重新进行样机组装，要求能通过《产品规格书》中的各项性能测试、可靠性测试、电磁兼容测试（EMC/EMI）等。

1. EVT 阶段工作重点与目标（表 2.2）

表 2.2　EVT 阶段工作重点与目标

阶段	第二轮样机试作阶段（EVT 阶段）
负责单位	产品研发部
目的	依据第一轮样机的测试结果进行设计修改或变更设计
工作重点与目标	①样品试作 ②针对样品进行测试和验证 ③拟定 C3 品质量化目标 ④机构设计问题检讨及除错（调试），测试报告检讨 ⑤电路设计问题检讨及除错（调试），测试报告检讨 ⑥软件设计问题检讨及除错（调试），测试报告检讨

2. C3 节点核查（表 2.3）

表 2.3　C3 节点核查

核查负责人	项目经理
目的	检查样品测试验证结果，并决定是否进入下一阶段（工程试作阶段 DVT）
检查内容清单	①硬件设计验证报告 ②微处理器/EEPROM 数据清单 ③机械结构设计测试报告 ④软件功能验证测试报告 ⑤结构图纸（初审） ⑥C3 测试报告 ⑦C4 测试计划

2.1.6　DVT 阶段与 C4 节点

DVT（Design Validation Test）阶段是产品研发的一个关键阶段，它是将实验室研发的产品转化为可以大规模生产的正规产品的重要步骤，设计修改的工作重点放在产品的可生产化、易生产化，追求将来产品在大规模生产时的高效率、高可靠性。

设计时增加一个动作，就会省掉生产时成千上万个动作。比如，一只电阻的位置在 PCB 排版设计时放在自动装配机器不能装配的地方，就需要用手工补装。如果我们在做设计修改时，调整电阻到合适的位置，使自动装配机器可以装配，就会为以后每生产一块板节省手工操作和时间，如果你设计的产品将来生产 1 000 万台（套），那么你省去的就是 1 000 多万个手工操作。正所谓，辛苦你一人（设计师），幸福千万人（操作工）。

企业里还有一句话："良好的产品是设计和生产出来的，而不是检验出来的！"说的就是好的产品设计可以让生产变得简单、顺畅，产品的品质自然就会提高；如果设计存在先天不足，产品的生产过程就是一个"难产"的过程，产品的品质就更不要指望了。

科技以人为本，企业把用户当上帝看待，设计工程师不光要把用户当上帝看待，也要把生产线上的操作工当兄弟姐妹看待，千万不要因为你的一时疏忽而让他们遭罪！

1. DVT 阶段工作重点与目标（表 2.4）

表 2.4　DVT 阶段工作重点与目标

阶段	C4 样品试作阶段（ENG Pilot Run Phase）
负责单位	①产品研发部 ②生产技术工程部
目的	①工程试作与验证 ②依验证结果改善设计 ③准备技术资料以便技术转移、授权或移转技术至相关生产单位

续表

工作重点与目标	①完成系统软件或应用软件的设计、测试及除错 ②正式发出电路图、材料清单及已验证料表供应商清单 ③进行工程试作阶段测试、验证及除错，并提出测试验证报告 ④提出工程试作阶段测试报告及改善建议 ⑤完成生产或技术转移所需的相关测试及程序 ⑥法务部：完成专利、著作权、商标申请

2. C4 节点核查（表 2.5）

表 2.5　C4 节点核查

核查负责人	项目经理
目的	①检讨工程试作结果，并决定是否进入试生产阶段 ②完成各项技术转移或生产所需的文件，并进行系统残留问题检讨与对策验证
检查内容清单	①软件（SW Firmware）发放 ②BOM 发放 ③机械结构工程测试报告 ④电子工程测试报告 ⑤PCB 资料完成 ⑥原理图发放 ⑦C4 测试报告 ⑧软件源代码 ⑨技术文件转移计划

2.1.7　PVT 阶段与 C5 节点

PVT（Production Validation Test）阶段也叫 PP（Pre－Production）阶段，该阶段的主要工作是在整个公司范围内，为新产品的大量生产做演习、协调。同时检验新产品的性能一致性。

1. PVT 阶段工作重点与目标（表 2.6）

表 2.6　PVT 阶段工作重点与目标

阶段	C5 样品试作阶段（Production Pilot Run Phase）
负责单位	①产品研发部 ②生产技术工程部 ③生产部 ④物管部
目的	为建立量产做准备，完成各项生产必备的文件，并进行产品残留问题的检讨与对策验证

续表

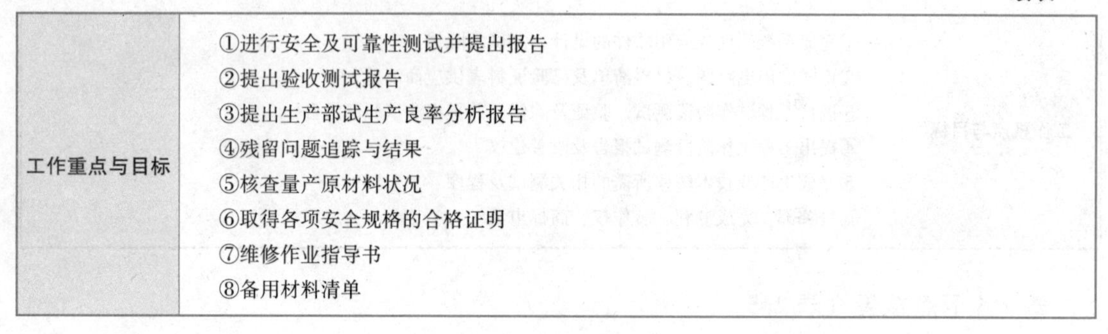

工作重点与目标	①进行安全及可靠性测试并提出报告 ②提出验收测试报告 ③提出生产部试生产良率分析报告 ④残留问题追踪与结果 ⑤核查量产原材料状况 ⑥取得各项安全规格的合格证明 ⑦维修作业指导书 ⑧备用材料清单

2. C5 节点核查（表 2.7）

表 2.7　C5 节点核查

核查负责人	客户代表经理
目的	检讨试产结果及生产作业与流程，并决定是否进入量产阶段
检查内容清单	①试产阶段的问题与对策研讨 ②试产计划检讨 ③量产计划及备料状况研讨 ④试产阶段良率分析与改善对策

2.1.8　MP 阶段与 C6 节点

MP（Mass Production）阶段是产品设计成熟后的必经阶段，产品开发的最终目的就是要 MP。MP 的量越大、维持的时间越长，说明产品的开发设计就越成功。也说明产品的品质被市场所认可，也就说明该产品为公司创造的利润越丰厚。

很多公司在奖励设计人员时，MP 的量是一个重要的衡量指标！奖金的多少直接与 MP 的量挂钩。

1. MP 阶段工作重点与目标（表 2.8）

表 2.8　MP 阶段工作重点与目标

阶段	产品大量生产阶段（Mass Production Phase）
负责单位	①生产部 ②产品品质控制部 ③市场部
目的	大量、高效、准时地生产出客户认可的产品
工作重点与目标	①组织生产线大量生产 ②定期提出产品质量检验报告 ③定期提出生产部量产良率分析报告 ④定期提出生产效率报告

2. C6 节点核查（表 2.9）

表 2.9　C6 节点核查

核查负责人	市场部经理
目的	收集客户对产品的需求信息，并决定是否进入逐步淘汰阶段
检查内容清单	①客户对产品的投诉报告 ②客户的产品订单计划（预测）

随着时间的推移，市场会发生难以避免的变化，即对该产品的需求量越来越小，直至完全停产，称之为逐步淘汰或停产。导致产品停产的主要原因有以下几个。

（1）随着时间的推移，市场上出现了功能更加强大、新颖的同类产品；当初的产品优势不复存在。

（2）随着时间的推移，市场上该产品的同类产品逐渐多起来，竞争加剧。销售价格下跌，产品利润逐步下降。

（3）随着时间的推移，当初设计的产品其材料成本和生产成本相对较高，进一步导致产品利润下降，低于公司要求的利润目标。

2.2　电子产品开发流程介绍

新产品研发阶段或派生机型开发阶段在生命周期中的位置如图 2.8 所示。

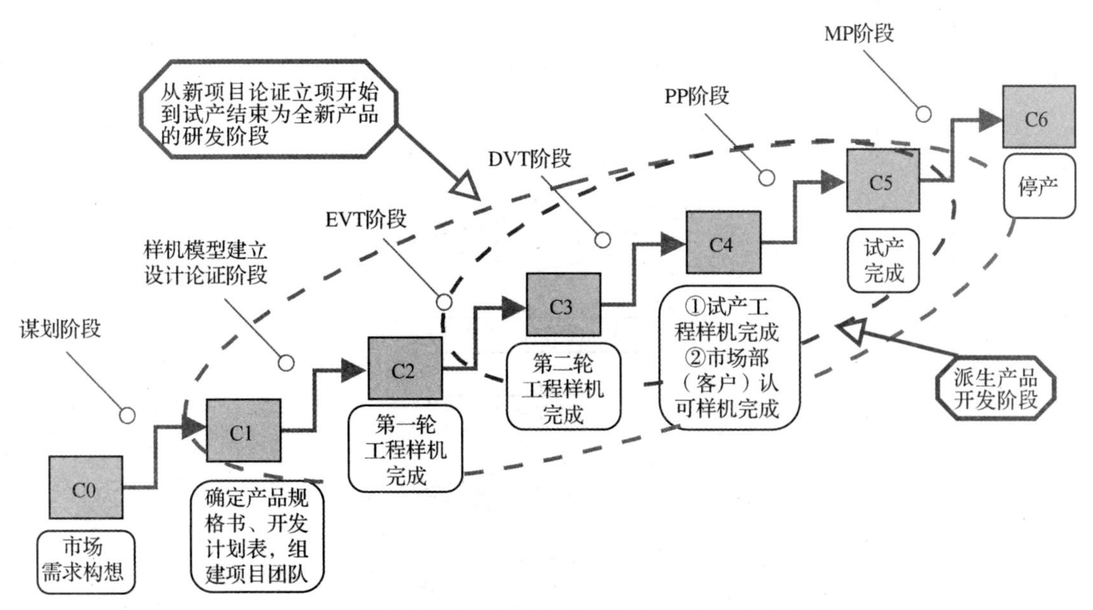

图 2.8　新产品研发与派生机型开发在 C 流程中的位置

EVT（Engineering Validation Test）—工程验证测试；DVT（Design Validation Test）—设计验证测试；

PP（Pre－Production）—试制；MP（Mass Production）—大量生产

具体的新产品研发流程一般如图 2.9 所示，其中主要涵盖两大分支，即电路设计与结构设计。

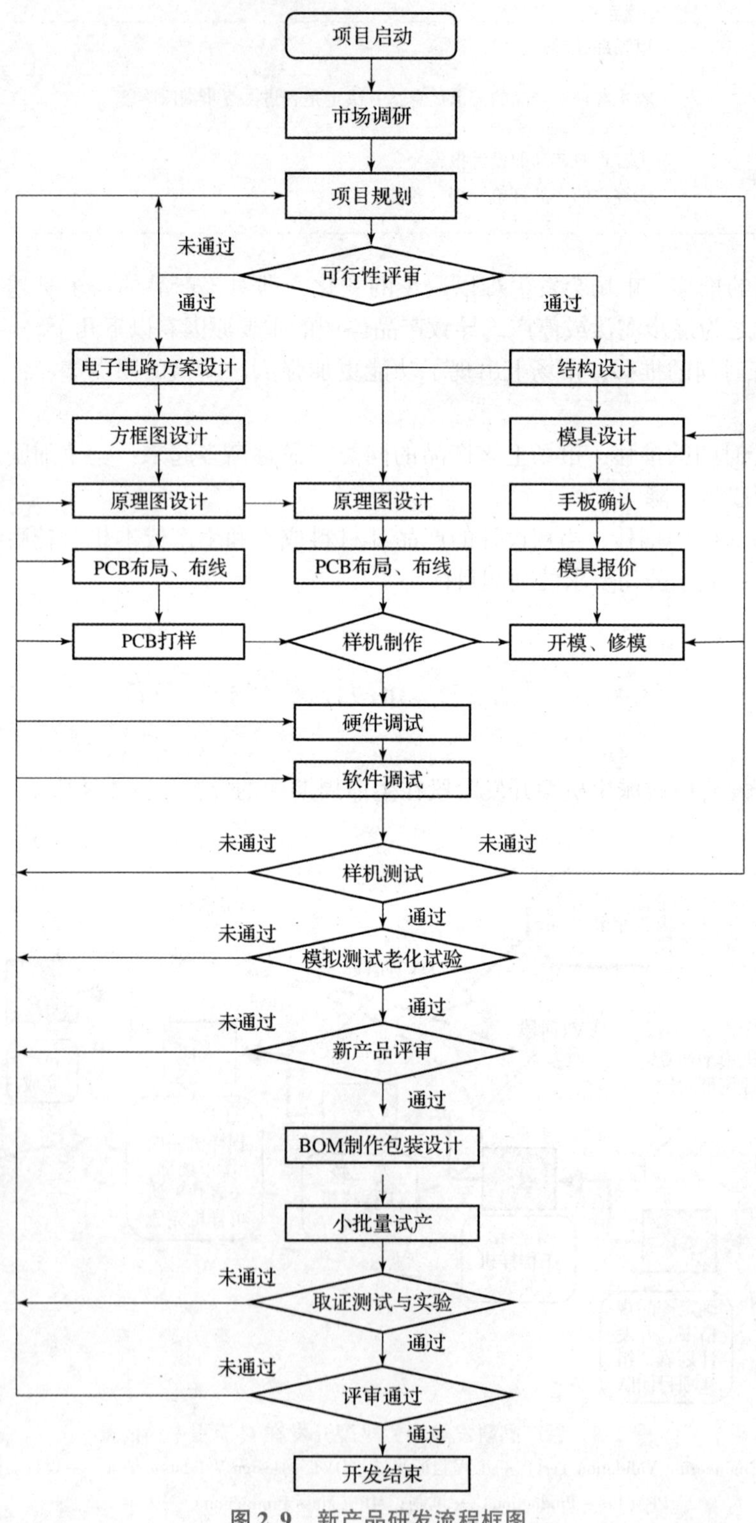

图 2.9　新产品研发流程框图

结构工程师（Mechanical Engineer，ME）进行结构设计，随后一般都要进行模具设计，本书不作相关讨论。

电路设计由电子工程师（Electronic Engineer，EE）负责，其下可分为硬件电路设计（Hardware Design，HW）和软件设计（Software Design，SW）两部分，这两部分关联最为密切，好的硬件设计可以为软件提供稳定的运行环境，使软件的运行效果更为出色、可靠；同时，有的软件可以替代硬件电路实现特定的功能，节省材料成本，提升产品的竞争力。所以，这两部分必须在开发初期进行同时规划、同时研发，并在样机组装后统一进行调试。

下面介绍新产品开发的一般流程，其流程框图如图2.9所示。

开发流程解释如下。

1. 项目立项阶段

从项目启动到可行性评审结束为项目立项阶段，该阶段的主要任务如下。

（1）确定新产品的市场定位：该新产品与目前市场上现有产品相比，其核心竞争力是什么？将来能占有多大的市场份额？

（2）从公司自身条件出发判断新产品能否实现？也就是新产品能否开发成功？一个成功的企业是不会做无用功的，不会付出了开发成本（投入人力、物力）而无成果收获。

（3）成本估算：估算新产品的材料成本、生产成本以及新产品的开发成本。企业会从切身利益出发，不会做亏本的买卖。企业要生存必须有盈利。

上述3项任务完成后，其形成的报告上报到公司高层，并进行决策该新产品项目会被终止或立项。

2. 第一轮样机试制阶段

新产品开发通过可行性评审后成功立项，则进入正式开发阶段。

（1）组建研发团队。该团队由一个项目负责人、数名电子硬件工程师、电子软件工程师、制造工程师及相关技术人员等组成。

（2）确定产品研发计划时间表。掌控开发进度、明确测试项目内容、合理分配现有人力和财力资源、密切协调研发团队的各成员合作关系，确保新产品能如期开发完成。

（3）第一轮样机试制研发。此阶段从“电路方案设计”到第一次“样机测试”之前，期间电子硬件工程师要完成方框图设计、原理图设计、BOM输出、PCB设计、新元器件、产品测试、功能电路测试；软件工程师要完成软件框架设计、功能软件编程、整套软件编程等。之后，样机组装，进行各项性能、功能调试，并解决样机首次出现的各种设计和组装问题。

（4）第一轮样机性能测试。测试验证新产品《产品规格书》中的各项性能、安全指标、可靠性指标和各项功能主观评价，明确新产品中存在的各种问题，以便在下一轮设计修改中进行完善并加以解决。如果新样机的测试结果很差，且分析其原因也不是人为的，那么该新产品的开发项目会被终止。

3. 第二轮样机试制阶段（如果项目简单且设计良好，此阶段可跳过，直接进入下一阶段）

针对上一阶段样机存在的问题，进行设计修改（问题严重的需要进行设计方案修改），并重新组装样机，再进行各项测试，验证新产品《产品规格书》中的各项性能、安全指标、可靠性指标和各项功能主观评价，并检验生产工艺要求、可维修性要求等，希望发现新产品中存在的各种问题，以便在下一轮设计修改中进行完善并加以解决。没有问题则进入下一阶段，进行试产验证。

4. 第三轮样机试制阶段（如果项目简单且设计良好，此阶段可跳过，直接进入下一阶段）

针对上一阶段样机存在的问题，进行局部设计修改（此时一般都是生产工艺性、维护性的问题），并重新组装样机，再进行各项测试，验证新产品《产品规格书》中的各项性能、安全指标、可靠性指标和各项功能主观评价，重点验证生产工艺要求、可维修性要求等。同时要求准备各种技术文件（包括 BOM、原理图、PCB 图、调试设备清单、生产调试说明书等），为试产验证做准备。

5. 试产验证阶段

试产，现在的企业有称为 Pilot Run，也有称为 PP（Pre－Production），是大量生产前的一个过渡阶段，该阶段的主要任务如下。

（1）通过试产，使生产工厂熟悉新产品的特性和生产工艺方法、调试方法。

（2）通过试产，验证新产品的性能一致性，进一步发现新产品一些隐性问题，以便及时解决。扫除新产品大量生产的技术障碍。

产品进行大量生产阶段，研发过程结束。

2.3 开发计划表的制定

2.3.1 实际产品开发计划表的介绍

下面介绍一款音箱产品的开发计划表（Product Development Schedule，PDS），该产品的立项时间是 2009 年 9 月 8 日，试产结束（项目完成）时间为 2009 年 11 月 24 日。

从该开发计划表（图 2.10）可以看出，该项目主要工作共有 12 个种类（步骤），每项工作都规定了开始时间和结束时间；同时指定了这项工作的负责人。例如，第 5 项工作“线路评审”，该工作需要 1 天时间，是从“2009 年 10 月 26 日”到“2009 年 10 月 26 日”，工作负责人是“刘晓波/EE”，他是设计部的电子工程师。其他的工作内容、时间段、责任人读者可以自己从“LY 开发计划表”中分析（以下这种开发计划表使用 Microsoft Project 软件来编制，有兴趣的读者可以查询并学习使用这套软件）。

2.3.2 开发计划表的重要事项

产品开发计划时间表是掌控开发进度、明确测试项目内容、合理分配现有人力和财力资源、密切协调研发团队的各成员合作关系，确保新产品能如期开发完成。其中的重要事项如下。

（1）确定开发团队的领导及成员。合适的团队是产品开发项目能否顺利、按时成功完成的重要保证。项目各成员之间既需要详细分工，发挥各自特长，更需要通力配合。

（2）明确开发过程中的里程碑（Milestone），掌控产品开发进度，满足新产品的开发计划完成目标。

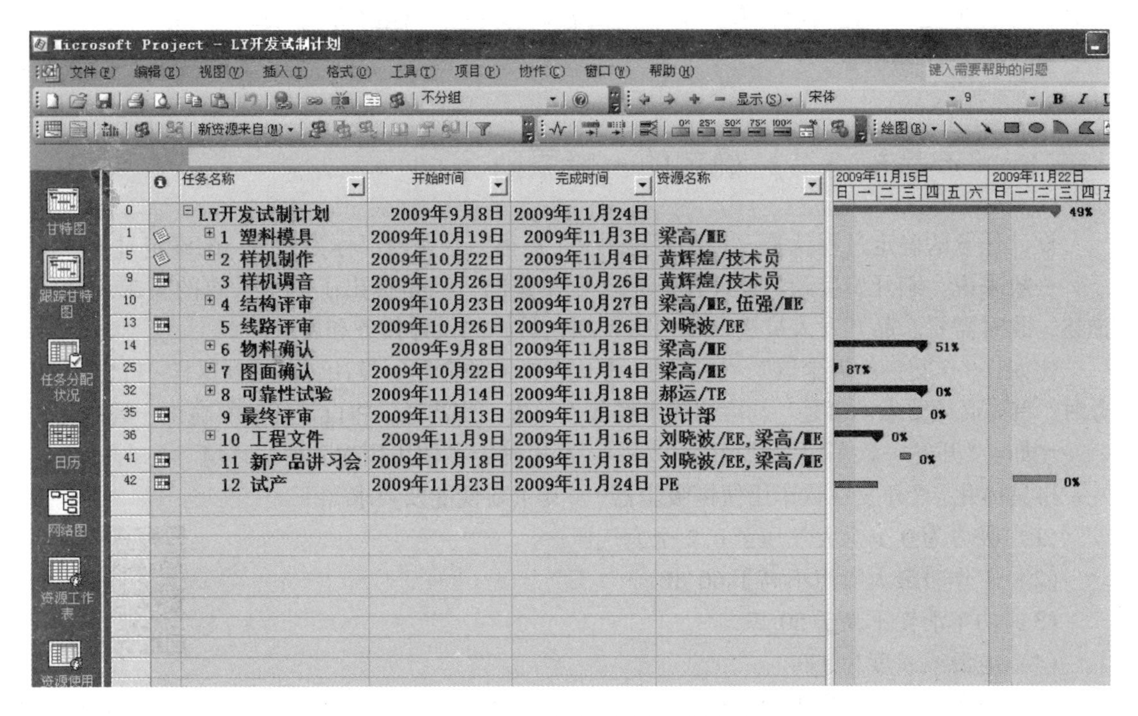

	任务名称	开始时间	完成时间	资源名称
0	LY开发试制计划	2009年9月8日	2009年11月24日	
1	1 塑料模具	2009年10月19日	2009年11月3日	梁高/ME
5	2 样机制作	2009年10月22日	2009年11月4日	黄辉煌/技术员
9	3 样机调音	2009年10月26日	2009年10月26日	黄辉煌/技术员
10	4 结构评审	2009年10月23日	2009年10月27日	梁高/ME,伍强/ME
13	5 线路评审	2009年10月26日	2009年10月26日	刘晓波/EE
14	6 物料确认	2009年9月8日	2009年11月18日	梁高/ME
25	7 图面确认	2009年10月22日	2009年11月14日	梁高/ME
32	8 可靠性试验	2009年11月14日	2009年11月18日	郝运/TE
35	9 最终评审	2009年11月13日	2009年11月18日	设计部
36	10 工程文件	2009年11月9日	2009年11月16日	刘晓波/EE,梁高/ME
41	11 新产品讲习会	2009年11月18日	2009年11月18日	刘晓波/EE,梁高/ME
42	12 试产	2009年11月23日	2009年11月24日	PE

图 2.10　LY 音箱开发试制计划表

（3）合理分配人力和财力资源。可以在企业范围内分配资源，保证优先项目的资源分配。

2.3.3　制定“电动车尾灯闪烁器开发计划表”

针对“电动车尾灯闪烁器”这个开发任务，读者可以根据自己的情况制定一个可行的开发计划表。

练习：根据下列要求编写“电动车尾灯闪烁器开发计划表”。

（1）要求建立一个 3 人开发团队，并进行责任分工。

要求以“设计任务确定”“电路设计完成”“装配完毕”“电路测试”“功能验证”“技术文件整理输出”这 6 个关键节点来安排时间表。

（2）要求从项目开始到项目完成的时间为 3 个星期（可根据具体的情况调整时间长短，但必须要有完成日期作为时间目标）。

（3）编制软件：Microsoft Project 或者 Excel。

实际项目完成需要的时间与本开发计划表确定的时间相差 5%～10% 者，成绩为优秀；相差 11%～20% 者，成绩为良；相差 21%～39% 者，成绩为及格；相差 40% 及超过者，成绩为差。读者可在本项目完成后自行评分。

2.4 电子产品《产品规格书》的确定及编制

2.4.1 《产品规格书》确定的一般原则

设计任务的确定过程就是《产品规格书》(在很多企业内部称为 PES) 的确定过程。

一般来说，刚开始接到的设计任务是比较模糊的，只是提出了一个大致的要求或功能描述，此时需要产品开发人员进一步明确、细化具体的设计任务和要求。

比如："开发一款吸尘器"，这就是一个比较模糊的命题。设计者在接到这样一个设计任务时，首先必须要做的事是：与客户或市场部人员进一步沟通，将设计任务明确化、具体化。

比如："开发一款车用便携吸尘器"——这里确定了使用用途和使用环境。

再具体化："开发一款车用便携吸尘器"，其主要性能及要求如下。

(1) 吸力为 0.1 个大气压至 0.2 个大气压。

(2) 工作时最大噪声不高于 60 dB。

(3) 功率消耗不高于 50 W。

(4) 电源线长度为 5 m。

(5) 电源插头：车用 12 V 点火器。

(6) 质量在 0.5 kg 以下。

(7) 外表颜色有红、白、蓝、灰 4 种。

(8) 外形尺寸：550 mm × 100 mm × 80 mm（长 × 宽 × 高）。

(9) 材料成本价低于 50 元/台。

(10) 生产成本低于 10 元/台（以日产量 1 000 台来衡量）。

产品规格书
(H40E07)

实际产品的规格书一般都是以表格的形式出现的，如表 2.10 所列。

表 2.10 产品规格书形式

××× 牌车用便携吸尘器规格书 型号：×××		
性能	吸力	0.1 ~ 0.2 大气压
	工作噪声（1 m 之外）	≤60 dB
电源	电源电压	直流 12 V
	额定功率	50 W
	电源插头	车用点火器
	电源线长度	5 m
外观与质量	颜色	红、白、蓝、灰
	净重	<0.5 kg
	长 × 宽 × 高	550 mm × 100 mm × 80 mm

注：以上这些功能仅仅是参考，不能作为一个吸尘器的性能指标要求。

练习：仔细研读平时生活中遇到的一些家用电器的规格书，如电视机、音频功率放大器或电冰箱等。

2.4.2 《产品规格书》一般包含的主要内容

从上面“车用便携吸尘器”的主要性能及要求中可以看出前两条为产品的主要性能要求；后面的（3）~（5）为工作电源要求；随后就是该产品的机械、外形方面的一些要求等。

主要性能指标归纳如下。

（1）产品正常工作需要的额定电源（电压、功率等）。

（2）外观性能：机械尺寸、重量、颜色等。

（3）产品必须达到的安全标准、可靠性标准。

（4）产品包装要求。

（5）产品的售后服务及维修。

以上是对客户公开的规格内容，故称为产品外部规范（Product External Specification，PES）。此外，一般还确定了在公司内部实行的标准或要求，举例如下。

（1）产品的材料成本要求。

（2）核心部件及关键方案。

（3）产品的生产工艺、调试要求。

《产品规格书》一般都是以表格、图片的形式出现，内容清晰、简洁，易于阅读和理解，避免用冗长的文字说明。《产品规格书》整理好后，需要反过来给客户确认，双方签字确认，并发放给客户和公司内部的文件中心保存。它是一份重要的控制文件，也是一份有效的设计输入文件。《产品规格书》是以后验收设计产品的重要依据也是一个优良产品设计的重要一步。

2.4.3 电动车尾灯闪烁器的设计任务确定

针对本书的设计任务，下面来做一个练习。

这次的设计任务中有这样的描述：使用直流电瓶作电源，分别实现 LED 闪烁指示、左转指示、右转指示。这样的描述并没用指明 LED 的数量、位置、颜色等，也没有指明转向显示方式、闪烁方式。所以，要将其具体、明确下来。

“电动车尾灯闪烁器”的功能要求如下。

（1）显示用的 LED 均为红色、圆形，直径为 5 mm。

（2）“左转显示”采用 14 个 LED，组成向左的箭头形状。闪烁方式：间隔点亮 150 ms，再间隔熄灭 150 ms。

（3）“右转显示”采用 14 个 LED，组成向右的箭头形状。闪烁方式：间隔点亮 150 ms，再间隔熄灭 150 ms。

（4）“闪烁显示”采用 7 个 LED，组成“一”字形状。闪烁方式：7 个 LED 同时点亮 150 ms，然后同时熄灭 150 ms。

（5）“一”字形状的7个LED要求与“左转显示”及“右转显示”共用，共有21个LED。

（6）电源采用车用蓄电池（12V）作电源，使用2.5 mm脚距的4芯插座连接到PCB上。

（7）整个闪烁器的最大工作电流要求不大于100 mA（DC 12 V）。

（8）PCB的尺寸要求小于10 cm×10 cm。

（9）为降低成本，请选用最为通用的单面/双面、厚度为1.6 mm的覆铜板（本书PCB设计实例选用双面板）。

整理成表格形式如表2.11和表2.12所示。

表2.11 电动车尾灯闪烁器（滚动亮暗显示方案）技术规格书之一

项目		规格及要求	备注
1. 性能部分			
显示方式：			
显示器件		红色、圆形，直径为5 mm的LED	
左转显示	←	采用14个LED，组成向左的箭头形状，以150 ms间隔亮暗交替显示，形成向左移动的动感	箭头的本体“一”部分与右转、闪烁的共用
右转显示	→	采用14个LED，组成向右的箭头形状，以150 ms间隔亮暗交替显示，形成向右移动的动感	箭头的本体“一”部分与左转、闪烁的共用
闪烁显示	—	采用7个LED，组成“一”字形状，以150 ms间隔全亮、全暗显示，形成闪烁的动感	箭头的本体“一”部分与左转、右转的共用
LED阵列位置及形状			
2. 结构尺寸			
PCB尺寸		≤80 mm×50 mm	单面板（厚）=1.6 mm
3. 电源			
电源电压		直流12 V	
电源工作电流		≤100 mA（最大）	
电源插座		2.5 mm脚距的4芯插座连接到PCB	使用电瓶车上的蓄电池供电

表 2.12　电动车尾灯闪烁器（滚动亮暗显示方案）技术规格书之二——闪烁显示示意图

左转显示	左转显示 1	L1 L2 L3 L4 M2 M3 M4 M5 M6 M7 L3' L2' L1'
左转显示	左转显示 2	L1 L2 L3 L4 M2 M3 M4 M5 M6 M7 L3' L2' L1'
右转显示	右转显示 1	R1 R2 R3 M1 M2 M3 M4 M5 M6 R4 R3' R2' R1'
	右转显示 2	R1 R2 R3 M1 M2 M3 M4 M5 M6 R4 R3' R2' R1'
闪烁显示	闪烁显示 1	M1 M2 M3 M4 M5 M6 M7
	闪烁显示 2	M1 M2 M3 M4 M5 M6 M7

2.5 电路方框图的设计与电路原理图设计

2.5.1 电路方框图的作用与设计

1. 方框图的作用和特点

在介绍设计电路之前为什么要绘制方框图，首先来了解一下方框图的作用和特点。

在分析电路、电路维修时，方框图的功能主要体现在以下两方面。

(1) 表达了电路的组成概况。粗略表达了复杂电路（可以是整机电路、系统电路和功能电路等）的组成情况，通常是给出这一复杂电路中主要单元电路的位置、名称以及各部分单元电路之间的连接关系，如前级和后级关系等信息。

(2) 表达了信号传输方向。方框图表达了各单元电路之间的信号传输方向，从而使识图者能了解信号在各部分单元电路之间的传输次序；根据方框图中所标出的电路名称，识图者可以知道信号在这一单元电路中的处理过程，为分析具体电路提供了指导性的信息。

例如，图 2.11 所示的方框图给出了这样的识图信息：信号源输出的信号首先加到第一级放大器中放大（信号源电路与第一级放大器之间的箭头方向提示了信号传输方向），然后送入第二级放大器中放大，再激励负载。

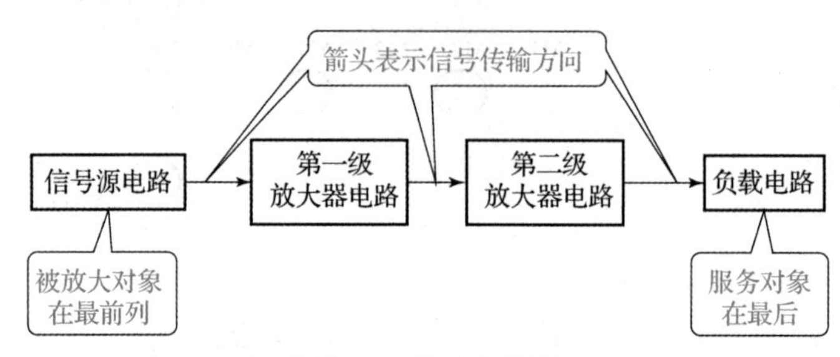

图 2.11 信号方框图

重要提示：方框图是一张重要的电路图，特别是在分析集成电路应用电路图、复杂的系统电路，了解整机电路组成情况时，没有方框图将给识图带来诸多不便和困难。

方框图的特点：提出方框图的概念主要是为了识图的需要，了解方框图的下列特点对识图、分析、测试及修理具有重要意义。

(1) 方框图简明、清楚，可方便地看出电路的组成和信号的传输方向、途径以及信号在传输过程中受到的处理过程等，如信号是得到了放大还是受到了衰减。

(2) 由于方框图比较简洁、逻辑性强，因此便于记忆，同时它所包含的信息量大，这就使得方框图更为重要。

(3) 方框图有简明的，也有详细的，方框图愈详细，为识图提供的有益信息就愈多。在各种方框图中，集成电路的内电路方框图最为详细。

(4) 方框图中往往会标出信号传输的方向（用箭头表示），它形象地表示了信号在电路中的传输方向，这一点对识图是非常有用的，尤其是集成电路内电路方框图，它可

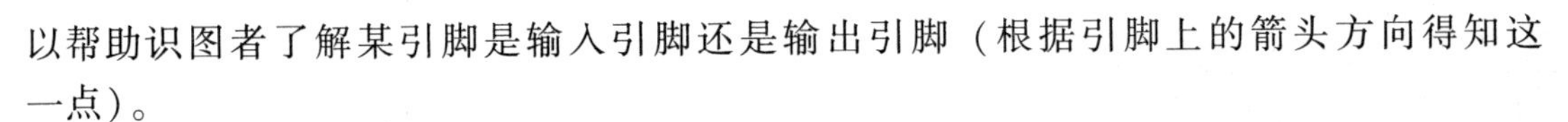

以帮助识图者了解某引脚是输入引脚还是输出引脚（根据引脚上的箭头方向得知这一点）。

2. 特别重要的方框图——电源树（Power Tree）

（1）电源概述。

通常说到电源，一般是指电压恒定（或相对稳定）的稳压电源。对初学者来说，会把此种稳压电源当成我们教科书中提到的（理想）恒压源。理想的恒压源具备哪些特性呢？

其实，我们使用的所有稳压电源都不是理想恒压源（恒流源也不是理想恒流源）。

实际电源的正确表示，可看图 2.12 所示的实物照片，应特别留意图中输入电源及输出电源的表示方法。

电源输入：100 ~ 240 V（交流电压值）、1.7A、50 ~ 60 Hz。

电源输出：20 V（直流电压值）、3.25 A（电流值）。

图 2.12　实际电源说明

表明这款电源适配器，其额定输入电压为交流 100 ~ 240 V，额定输入电流为 1.7 A，且交流电的频率为 50 ~ 60 Hz。要求其接入的电网、电源插座、电源线全部要满足这些要求。

同时也表明这款电源适配器，其输出的额定电压值为 20 V（直流），输出额定电流值为 3.25 A，意为这款 20 V 的直流稳压电源的输出电流限制在 3.25 A 以内，如果超过此电流值，其输出电压会迅速降低或自动进入保护状态。也可以说，这款 20 V 直流稳压电源输出不了（或提供不了）大于 3.25 A 的电流给它的负载。

要点：稳压电源的表示：? V/? A

（2）电源树。

从能量的角度给出了整个电路系统中各部分电路中的电源供应、电源转换一览表。在实际工程问题中，很多情况下不是信号处理电路本身有问题，而是由于给它们提供电能的供电系统不正常而导致工作异常或工作不稳定。另外，由于多数系统中，一个电源会给多个电路供电，一旦电源不正常会引起多个电路异常；同时，一个电路的干扰也会通过公用电源而相互干扰。因此，了解一个系统的电源树（Power Tree）是设计、分析电路系统非常重要的一个环节。

图 2.13 和图 2.14 是两个液晶电视主板电路的电源树。

在图 2.13 所示的电源树 1 中，显示了来自电源板接口有两组电源（5VSB、DC12V），经过线性稳压器及直流到直流分别产生了 1.2 V/5 A、1.8 V/5 A、2.5 V/5 A、3.3 V/5 A、3.3 V/1 A、5 V/1 A、5 V/5 A 等多种电压电源。

在图 2.14 所示的电源树 2 中显示了来自电源接口的电源电压有 3 组，即 +6.5 V、+12 V、+15 V，且同时给出了每组电源的常态电流、极限电流以及负载类型和数量。举例如下。

① +15 V 电源：

常态电流：2 250 mA。

极限电流：4 000 mA。

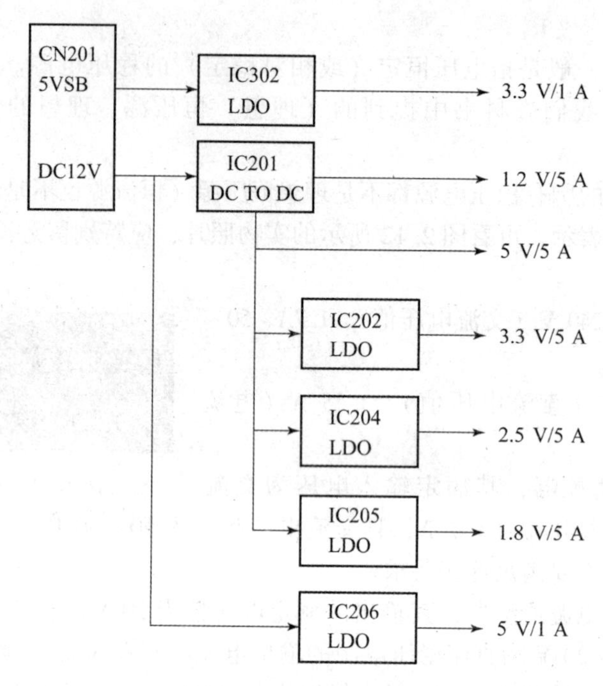

图 2.13　电源树 1

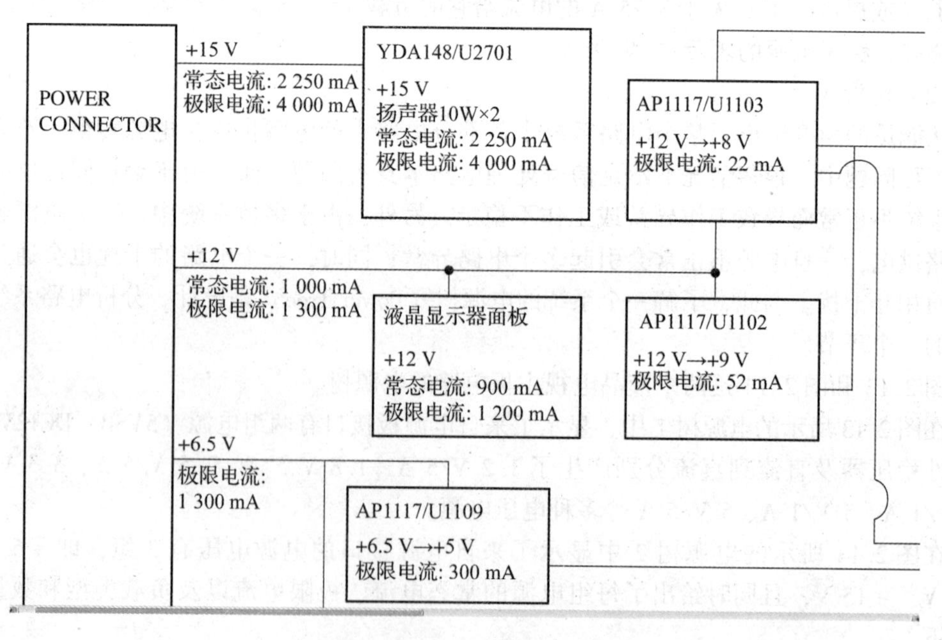

图 2.14　电源树 2

负载类型：功放 IC（型号：YDA148；位号：U2701），最终驱动扬声器（Speaker）输出。

表明 +15 V 电源只有一路负载是功放 IC，且它的常态、极限电流分别是 2 250 mA/4 000 mA，并指明了功放 IC 的型号和在电路板中的位号。

② +12 V 电源：

常态电流：1 000 mA。

极限电流：1 300 mA。

负载1：类型为液晶显示器面板。

常态电流：900 mA。

极限电流：1 200 mA。

负载2：类型为直流到直流（12 V→9 V），　IC（型号：AP1117；位号：U1102）

极限电流：52 mA。

负载3：类型为直流到直流（12 V→8 V），　IC（型号：AP1117；位号：U1103）

极限电流：22 mA。

表明 +12 V 电源有 3 路负载，给出了该路电源的总负载电流和各分负载的负载电流以及负载器件的类型、位号等信息。

通过对电源树的解读，可以了解整机用到的所有电源的分配、转换及相关联的负载关系，是整机的能源分配表；可以快速了解整机消耗电能最大的相关电路、最易发热的电路；可以快速了解哪些功能电路共用一组电源。

正因为方框图（包括电源树）的作用是从全局着眼把握整个电路系统的信号处理走向、控制信号走向、电源供应及分配等，因此设计一个电路或一个系统之前一定要养成先绘制方框图的良好习惯。

3. 电子产品电路方框图的设计六要素（图 2.15）

（1）指明输入信号（或多个信号），即指明一个任务或电路要处理何种信号。

（2）指明经过处理后的输出信号。

（3）指明本任务或电路的输入控制信号，即明确本任务或电路受何种控制信号控制。

（4）指明本任务或电路输出的控制信号。

（5）指明本任务或电路所用的电源（含交直流、频率、电压、电流等特性）。

（6）指明本任务或电路中担负关键作用的核心器件（如 IC）的位号。

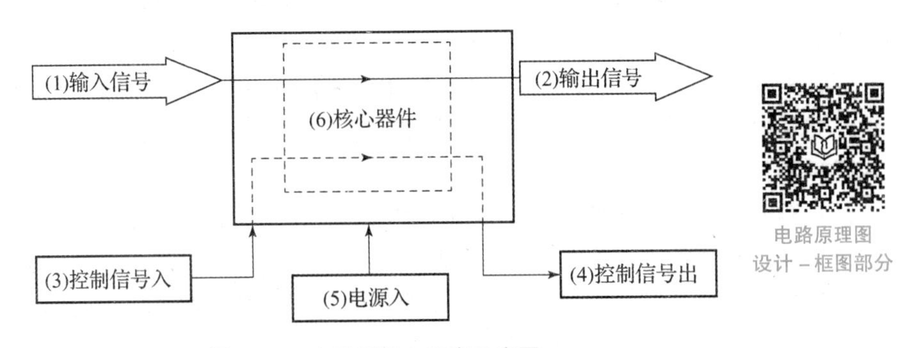

图 2.15　方框图的六要素示意图

4. 电动车尾灯闪烁器的方框图设计

在着手设计方框图之前，要经过“《产品规格书》的确定”“电路逻辑状态描述、化简与信号选择设计”（详见本书模块3中的3.1节），就可以着手绘制电路的方框图了，使电路设计进一步明确和清晰起来。电动车尾灯控制电路方框图可以由4个任务组成，如图2.16所示，详细分析可参照本书模块3的相关内容。

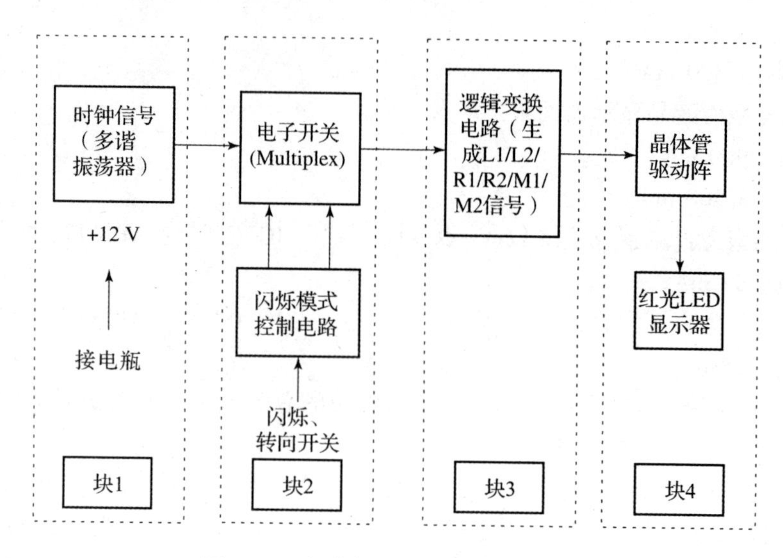

图2.16　电动车尾灯闪烁器整机框图

2.5.2　电路原理图设计

在电路方框图设计完毕后，可利用掌握的电路知识，选择合理的电路构造及元件参数，将每个任务的具体电路设计出来。

比如：任务1时钟信号生成电路，这是一个要输出方波的振荡电路。

（1）查找由时基集成电路555组成的振荡电路架构。

（2）根据输出信号（时钟信号）的频率要求，即3～5 Hz，来合理选择与输出频率有关的元件参数值。

（3）根据时基集成电路555的工作电源电压范围及输出信号，选择工作电源电压及电源滤波电路参数。

（4）使用电子CAD软件工具（Protel、PADS Logic等）将构思好的电路绘制出来；并编辑好电路中所有元件的属性及参数（注意：各种元件的属性格式必须一致，以便正确生成材料清单文件）。

（5）核查电路功能及各种信号的相关逻辑。

（6）添加必要的文字说明和修改备忘录。

（7）及时保存文件，将设计好的电路原理图打印出来以便下一次的修改。

详细设计过程可参见本书的模块3相关任务。

图2.17所示为本机的整机电路原理图。

2.6 材料清单的架构及分层

材料清单（BOM）是电子产品的一份重要受控技术文件。

在电子企业内部，将要生产的产品 BOM 和正在生产的产品 BOM 都属于保密文件，在公司内部分发和复印都必须经文件控制中心统一管理。任何员工都不允许私下复印或抄录公司的产品 BOM。已经停产或过时的 BOM 也属于严格管控文件。

在公司内部，只有一些特别授权的员工才有可能接触到产品 BOM。

BOM 在产品开发过程中不同的阶段有不同的状态，一般有 3 种状态。状态不同时，BOM 的更改方法也不相同。

临时 BOM——样机模型建立及论证阶段

当电路原理图设计完毕后，就可以及时生产 BOM 了，并交给采购部采购，以便采购部有足够的时间购买材料。不要等到 PCB 设计完成后再给出清单。

更改方法：负责设计的工程师可以随时更改。

最前面的 BOM——EVT、DVT 阶段

适合第二轮工程样机和给客户确认的样机组装。

采购部可据此 BOM 给供应商正式下订单采购，以备后期的 PP&MP。

更改方法：负责设计的工程师必须填写“工程更改通知单”，在获得研发、采购、品质管理等部门批准后，方可交由专门负责人员更改 BOM。

最后的 BOM——PP 及 MP 阶段

适合 PP&MP 生产用的 BOM。

更改方法：负责设计的工程师必须填写“工程更改通知单”，在获得研发、采购、品质管理、生产单位、客户（或客户代表）等部门批准后，方可交由专门负责人员更改 BOM。

2.6.1 电子企业实际使用的 BOM 介绍

先来看一份实际的 BOM，如图 2.18 所示。

图 2.18 所示的 Excel 表格是一个工厂正规生产所用的 BOM，应注意 BOM 开始几行的内容及说明。

图 2.19 所示的 BOM 表格重点显示实际 BOM 应具备的栏目。

2.6.2 电子企业 BOM 题头介绍

实际 BOM 的开头几行，一般会显示这份 BOM 的相关信息，具体解释如表 2.13 所示。

	A	B	C	J	K
1	Part Number	55.71H01.001G			
2	Revision	I			
3	Sequence	1			
4	Description	Main Board of ST47FHD			
5	Project Code	91.71H41.A01			
6	Latest Revisic	YES			
7	Expand Level	4			
8			Engineering BOM List		
9	Level	Part Number	Description	Qty	Location
10	1	0341052101	RES SMD 1/8 4.7KOHM F 0805	1	
11	1	09.1071D.A89	CAP EL 100U 1 M RF2 5*11 KMG	23	C1127 C1128 C1
12	1	09.22614.E8L	CAP EL 22U 50V		27
13	1	09.3371D.D8L	CAP EL 330U 16V M		47
14	1	09.47612.C8L	CAP EL 47U 25V M		0 C2
15	1	09.47712.C8L	CAP EL 470U 25V M		52 C2
16	1	09.47713.L03	CAP EL 470U10V RT2.5 6.3*11	16	C1138 C1143 C1
17	1	13.1R235.03L	RES MOF 1.2 2W J L15	1	R1108
18	1	18.33020.16D	PEAK COIL 33UH K 0305 A D	7	L1401 L1402 L14
19	1	20.20754.015	CONN D FML 15P ZDAFA1-D54M-4F	1	CN1301
20	1	20.60324.105	HEAD ML 1R5P RT A2001WR2-5P-GP	1	CN2502

图 2.18　企业 BOM（一）

Engineering BOM List										
Lev	Part Number	Description	Green Factor	Vendor	Vendor P/N	P/S Stat	M/P Cod	S/D	Qty	Location
1	0341052101	RES SMD 1/8W 4.7KOHM F	G_SA;F	YAGEO (	RC0805	Com	Purc	DIP	1	
1	09.1071D.A89	CAP EL 100U 16V M RF2 5*	G_SA;F	NIPPON (	EKMG1	Com	Purc	DIP	23	C1127 C
1	09.22614.E8L	CAP EL 22U 50V M RF2 5*1	G_SA;	NIPPON (	EKMG5	Com	Purc	DIP	2	C1848 C
1	09.3371D.D8L	CAP EL 330U 16V M RT3.5	R_SA;C	NICHICO	UVZ1C3	Com	Purc	DIP	2	C1144 C
1	09.47612.C8L	CAP EL 47U 25V M RT2.5 5	G_SA;F	CHEMIC(	EKMG2	Com	Purc	DIP	5	C1817 C
1	09.47712.C8L	CAP EL 470U 25V M RT5 10	G_SA;F	NIPPON (	EKMG2	Com	Purc	DIP	6	C1150 C
1	09.47713.L03	CAP EL 470U10V RT2.5 6.3	G_SA;F	RUBYCO	10YXA4	Com	Purc	DIP	16	C1138 C
1	13.1R235.03L	RES MOF 1.2 2W J L15	R_SA;C	FUTABA I	RSS02.	Com	Purc	DIP	1	R1108
1	18.33020.16D	PEAK COIL 33UH K 0305 A	R_SA;C	TDK	SPT030	Com	Purc	DIP	7	L1401 L
1	20.20754.015	CONN D FML 15P ZDAFA1-I	G_SA;F	FOXCON	ZDAFA1	Com	Purc	DIP	1	CN1301
1	20.60324.105	HEAD ML 1R5P RT A2001W	G_SA;	JOWLE	A2001V	Com	Purc	DIP	1	CN2502
1	20.60324.106	HEAD ML 1R6P RT A2001W	G_SA;	JOWLE	A2001V	Com	Purc	DIP	1	CN2902

图 2.19　企业 BOM（二）

表 2.13　BOM 相关信息解释

第一列	第二列	解释
Part Number	55.71H01.001G	此 BOM 的唯一身份编号（物料编号）
Revision	I	版本号。从第一次生成后每修改一次即要变更一次版本号
Description	Main Board of ST47FHD	此份 BOM 的功能描述。这是一份型号为 ST47FHD 的主板 BOM
Project Code	91.71H41.A01	项目编码。说明这份主板 BOM 会用在这个 91.71H41.A01 项目中，也是这份 BOM 的父 BOM
Expand Level	4	说明此 BOM 向下打开 4 层子 BOM

2.6.3　企业 BOM 栏目介绍

表 2.14 是一份企业 BOM 中的主要栏目介绍。

表 2.14　企业 BOM 中主要栏目介绍

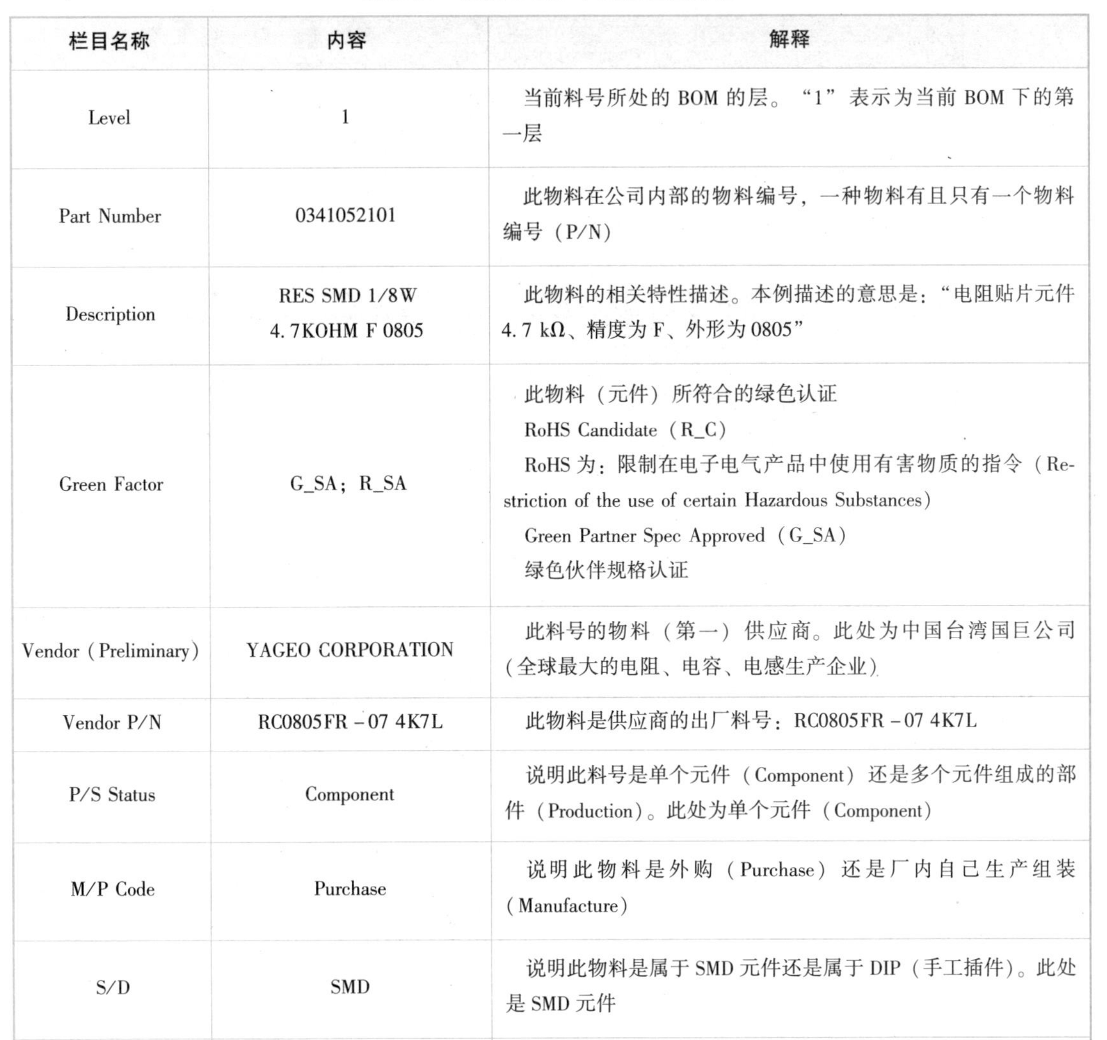

栏目名称	内容	解释
Level	1	当前料号所处的 BOM 的层。“1”表示为当前 BOM 下的第一层
Part Number	0341052101	此物料在公司内部的物料编号，一种物料有且只有一个物料编号（P/N）
Description	RES SMD 1/8W 4.7KOHM F 0805	此物料的相关特性描述。本例描述的意思是：“电阻贴片元件 4.7 kΩ、精度为 F、外形为 0805”
Green Factor	G_SA；R_SA	此物料（元件）所符合的绿色认证 RoHS Candidate（R_C） RoHS 为：限制在电子电气产品中使用有害物质的指令（Restriction of the use of certain Hazardous Substances） Green Partner Spec Approved（G_SA） 绿色伙伴规格认证
Vendor（Preliminary）	YAGEO CORPORATION	此料号的物料（第一）供应商。此处为中国台湾国巨公司（全球最大的电阻、电容、电感生产企业）
Vendor P/N	RC0805FR－07 4K7L	此物料是供应商的出厂料号：RC0805FR－07 4K7L
P/S Status	Component	说明此料号是单个元件（Component）还是多个元件组成的部件（Production）。此处为单个元件（Component）
M/P Code	Purchase	说明此物料是外购（Purchase）还是厂内自己生产组装（Manufacture）
S/D	SMD	说明此物料是属于 SMD 元件还是属于 DIP（手工插件）。此处是 SMD 元件
Qty	1	此料号在本层 BOM 中需要的数量
Location	R808	此物料的位号；元件或部件在这个产品中的安装位置编号

注：其中的 Part Number、Description、Qty、Location 这 4 个栏目是 BOM 中必须具备的栏目，而其他的栏目可能由于各公司的具体情况会有所变化。

2.6.4　企业 BOM 分层介绍

图 2.20 所示为电子企业使用的 BOM 分层实例。

可以看到图 2.20 中的“Level”栏下的数字为“1、1、1、2、2、2、…、1、1、1”，第 4～12 行为“Level 2”，这“Level 2”的 9 种物料属于其紧挨着的上一行（即第 3 行）“Level 1 55.71H01.M01G”，是这份 BOM 的具体内容。

而这份“55.71H01.M01G”BOM 与第 1 行、第 2 行及第 13 行、14 行、15 行都是“Level 1”，它们都属于图 2.20 所示的总 BOM，是平等的并列关系。

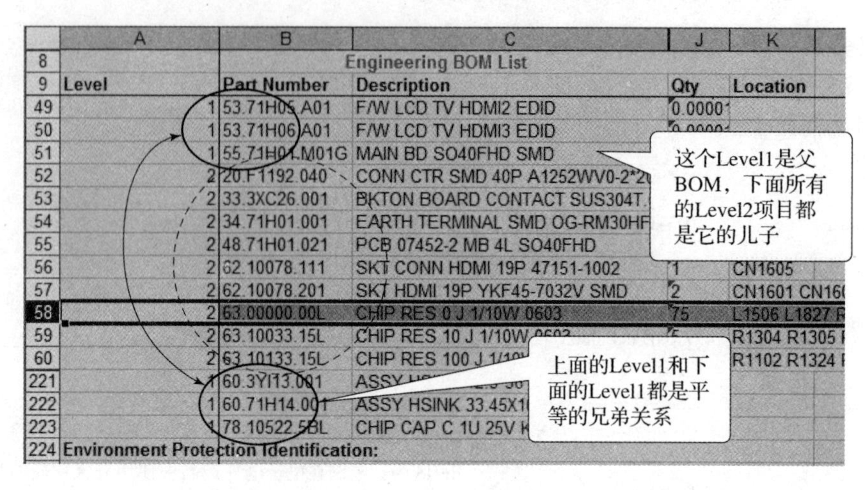

图 2.20　企业 BOM（三）

如果将图 2.20 所示的总 BOM 称为“父 BOM”，则第 3 行的“55.71H01.M01G”这份 BOM 就属于“子 BOM”了。很多情况下，“子 BOM”还有自己的“子 BOM”“孙 BOM”等。

上述的“父 BOM、子 BOM、孙 BOM”这种架构，称为 BOM 的分层嵌套。

BOM 为什么要这样复杂地分层呢？这样做的作用表现在什么地方呢？

请看下面的介绍。

2.6.5　BOM 分层的作用

由于一个公司或工厂是由多部门组成的生产链，它们之间有分工、协作的关系，也有前后段的关系，但是必须保证不能出现遗漏、脱节和重复的事情发生。

举例如下。

1. 公司的采购部

　　①电子部品采购组（特点：精通电子元件、部品的采购）。

　　②结构部品采购组（特点：精通结构材料、部品的采购）。

2. 公司的生产部

　　①部品生产车间（主要职责：电子部品的贴片、焊接装配、前段测试）。

　　②整机装配车间（主要职责：产品整机的后段装配、后段测试）。

实际上在一个电子产品的系统中，至少由两大部分组成，即结构部分和电子部分。

现有一个产品 LY1 型号控制器需要生产，它的 BOM 号是 91.LY1001，如果将电子料与结构料混放在一起，如图 2.21 所示。

如果这样的 BOM 出现在采购部，肯定会有些材料买多了，而有些材料却没有人去买。

这就是 BOM 没有分层的后果。

如果现在将整个产品的 BOM 分成两个子 BOM，如图 2.22 和表 2.15 所示。

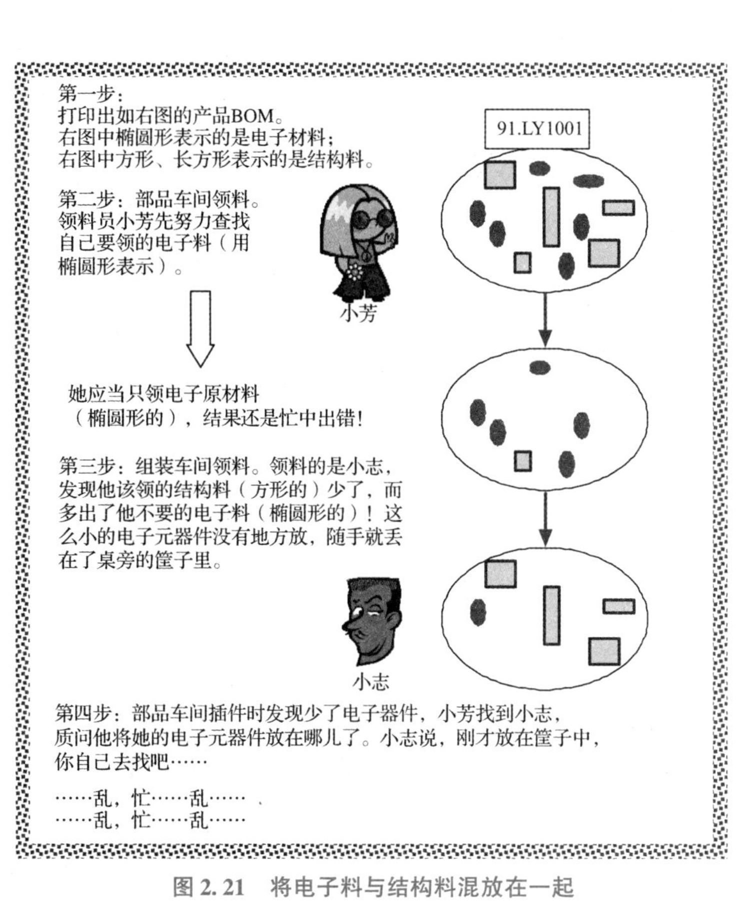

图 2. 21　将电子料与结构料混放在一起

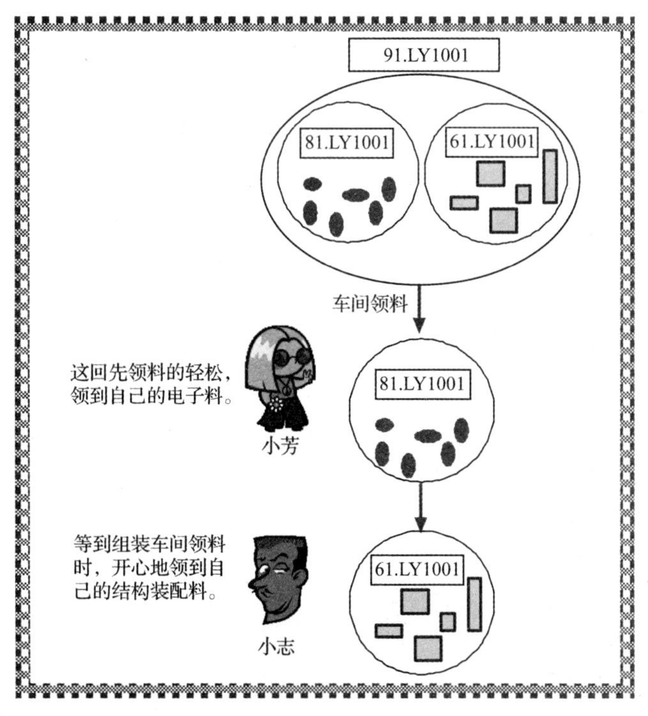

图 2. 22　将整个产品分成两个子 BOM

表 2.15　将整个产品分成两个子 BOM

Level	Part Number	Description
1	91. LY1001	LY1 型号控制器
2	81. LY1001	LY1 电子元器件部分
2	61. LY1001	LY1 结构件部分

分层 BOM 除了给生产部门带来方便以外，还给采购部、仓库管理部带来了便利。

具体如表 2. 16 所示。

表 2. 16　分层结果

Level	Part Number	Description	相关生产部门	相关采购部门
1	91. LY1001	LY1 型号控制器		
2	81. LY1001	LY1 电子部分	部品生产车间（前段）	电子产品采购组
2	61. LY1001	LY1 结构部分	整机生产车间（后段装配）	结构产品采购组

如果产品的电子系统比较复杂，如由多块电路板组成，此时电子部分可以进一步细分。有时即使是一个主板，但其中包含的功能相对集中（如电源部分和信号处理部分），此时也可以在主板下再细分一层。

同样，如果结构件的装配地点不在同一个地方，或同一个分厂，也需要将结构件的材料清单进行分组、分层。

表 2. 17 是进一步细分后的 BOM 及说明。

表 2. 17　进一步细分后的 BOM 及说明

Level	Part Number	Description	相关生产部门	相关采购部门
1	91. LY1001	LY1 型号控制器		
2	81. LY1001	LY1 电子部分	部品生产车间（前段）	电子产品采购组
3	82. LY1001	LY1 主板	主板生产车间	
3	82. LY1002	LY1 电源板	电源板生产车间	
2	61. LY1001	LY1 结构部分	整机生产车间（后段装配）	结构产品采购组

BOM 分层及嵌套的主要目的就是方便生产、避免出错、确保高效和连续的产品生产。每一家公司都有自己的特殊情况，所以各家公司都有自己的 BOM 分层要求。

2. 6. 6　实际动手制作分层 BOM

训练任务——“做中学，学中做”，让学生自己动手制作分层 BOM。

在学校实验室常见的 BOM 一般如表 2. 18 所示。

表 2.18 电动车尾灯闪烁器的完整材料清单（第一版）

序号	材料类别	简述	描述	位号	封装	单台数量
1	贴片电容	1μF *	[普通电容 MLCC X7R +/-10% = 容值 - 1μF - 电压 = 25 V - 封装 = 0805 风华]	C1′	C - S - 0805	1
2	贴片电容	0.1	[普通电容 MLCC X7R +/-10% = 容值 - 0.1μF - 电压 = 50V - 封装 = 0805]	C1，C2，C3，C4，C5，C6	C - S - 0805	6
3	贴片电阻	470K *	'RC0603FR - 07470KL【普通电阻 1% - 规格 = 220K 1/10W - 封装 = SMD0603】YAGEO/厚声	R1′	R - S - 0603	1
4	贴片电阻	220K	'RC0603FR - 07220KL【普通电阻 1% - 规格 = 220K 1/10W - 封装 = SMD0603】YAGEO	R1，R2	R - S - 0603	2
5	贴片电阻	1K2	【普通电阻 5% - 规格 = 1K21/8W - 封装 = SMD0805】国巨	R3，R26，R29，R32，R37	R - S - 0805	5
6	贴片电阻	10K	'RC0603JR - 0710KL【普通电阻 5% - 规格 = 10K1/10W - 封装 = SMD0603】YAGEO	R4，R5，R8，R9，R10，R12，R13，R14，R15，R16，R18，R19，R21，R22，R24，R25，R27，R28，R30，R31，R33，R34，R35，R36	R - S - 0603	24
7	贴片电阻	820	【普通电阻 5% - 规格 = 8201/8W - 封装 = SMD0805】	R17，R20，R23	R - S - 0805	3
8	贴片电阻	2K7	'RC0603JR - 072.7KL【普通电阻 5% - 规格 = 2.7K1/10W - 封装 = SMD0603】YAGEO	R38	R - S - 0603	1
9	贴片二极管	1N4148	贴片二极管'1N4148W，封装 SOD - 123FL，CBI（ST）	D1，D2，D3，D4，D5，D6，D7，D8，D9	SOD - 123FL	9
10	贴片 LED	LED - S - 0603	贴片 LED 红色 封装 = 0603	DE1	LED - S(0603)	1
11	贴片三极管	2N3904	贴片三极管'2N3904S - RTK/PS，SOT - 23 - 3，KEC	Q1，Q2，Q3，Q4，Q5，Q6，Q7，Q8	SOT - 23 - 3	8
12	贴片 IC	555	IC XL555，SOP - 8，XINLUDA（信路达）	U1	SO8	1

续表

序号	材料类别	简述	描述	位号	封装	单台数量
13	贴片 IC	HC4052	IC 74HC4052, SOP - 16, 华冠	U3	SOP16	1
14	端子/插座	4 芯插座	4 芯插座，脚间距为 2.14 mm	J1, J2	SIP4 - 2.0	2
15	LED	LED - DIP 5 mm	LED D = 5 mm 红色发光二极管 普通直插元件封装（亿光）	LED - L1 - L4, LED - L1′ - L3′, LED - M1 - M7, LED - R1 - R4, LED - R1′ - R3′	LED DIP	21
16	开关	2 位按压开关	按压开关（有两个稳定位置，按一下锁定导通，再按一下弹起来断开）	导通：全闪 断开：停止		1
17	开关	3 位拨动开关	拨动开关（有 3 个稳定位置，可以左、中、右拨动）	左：左闪烁 中：停止 右：右闪烁		1
18	PCB	PCB	双面板，板厚 $T = 1.6$ mm，板尺寸：70 × 50 mm			1

请根据图 2.16 所示的方框图及 2.17 所示的电路原理图标出的方框任务，制作一个分层 BOM。建议按图 2.23 所示的分层结构整理 BOM。

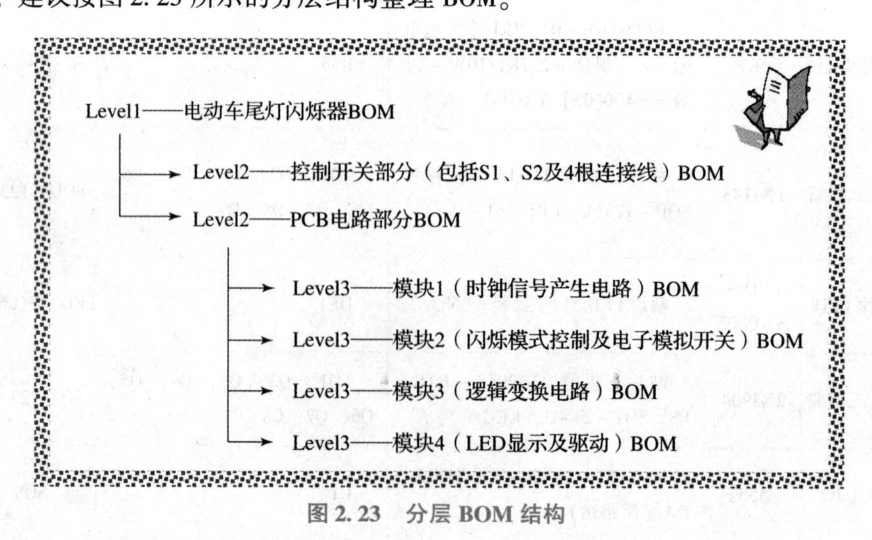

图 2.23　分层 BOM 结构

2.7　PCB设计资料输出

PCB的设计方法应参照有关“电子CAD”课程。

有关PCB设计的工厂设计规范，可参照本书的附录2。

本节主要介绍有关PCB设计输出资料的相关知识。

AD设计资料输出简介

电子企业研究所或产品研发部在PCB设计完成后，需要将PCB的资料发送给PCB厂加工成合格的PCB。为了能提高PCB厂及成品工厂的生产效率及产品质量，在PCB设计和资料输出时必须作相应的规范。

一般在发资料给PCB厂加工时，需要明确地告知PCB厂的基本要求和信息。

（1）板材种类要求。

（2）板厚。

（3）是单板还是拼板。

（4）（电气）板层数。是单层板（只有一面有导电铜箔）还是双层板（也叫双面板，顶面和底面两面都有导电铜箔），抑或是4层板（除了顶面、底面有铜箔外，还有2层导电内层）、8层板等。

（5）镀层工艺处理要求。

（6）PCB板的外形尺寸。

1.“拼板”概念解释

在工厂实际生产时，经常能看到由多块小板组成的一个大PCB板，称之为“拼板”。

2. 拼板的作用

提高产品生产时的生产效率。

（1）一般情况下，由于单块小PCB的尺寸比较小，如小于100 mm×100 mm，且每一块板上的元件数量也比较少（如少于20～30只），如果单板生产，自动插件机（或自动贴片机）需要不停地取板和放板，导致大部分时间浪费在取板和放板的动作上。

假设，自动插件机（或自动贴片机）每取板（或放板）一次需要2 s，20只元件插件（或贴片）所需时间为5 s。这5 s为有效时间。插件（或贴片）完成的总时间为：取板时间（2 s）+插件（或贴片）时间（5 s）+放板时间（2 s）=9（s），那么，插件（或贴片）完成的效率为：插件（或贴片）有效时间/插件（或贴片）完成的总时间=5/9×100%=55.5%。

如果使用四拼板来生产，每取板（或放板）一次的时间仍然为2 s。四拼板上共有80只元件，这80只元件插件（或贴片）所需时间为5×4 s=20 s。此时的插件（或贴片）完成的效率为：插件（或贴片）有效时间/插件（或贴片）完成的总时间=20/(2+20+2)×100%=83.3%。

可见，由单板改为四拼板的插件（或贴片）完成效率由55.5%提升到83.3%，得到了大幅提升。

（2）拼板可以减少PCB模具，节省模具的生产成本。例如，一个四拼板（包含4种不同的PCB），一个模具可等同于4种不同的PCB模具，可节省3套PCB模具。

3. 拼板的连接方法

方法1：使用“V－CUT”实现连接，在元器件装配焊接完成后可直接手工掰开或使用专用刀具切开。

方法2：使用“邮票孔”实现连接，在元器件装配焊接完成后使用专用刀具切开。

拼板的种类：由同一种型号的PCB拼成，或由不同型号的PCB拼成。

拼板后的尺寸：为了提高生产效率及满足生产设备的要求，尺寸太小生产效率难以提高，尺寸太大会超过设备的极限，同时也会引起PCB板变形扭曲等问题，所以一般拼板的尺寸大致为边长200～250 mm。

图2.24所示为四拼板的实际照片。

图2.24　PCB拼板图（四拼板）

这个四拼板的实际尺寸为200 mm×160 mm（单板尺寸为100 mm×80 mm）。

2.7.1　铜皮面布线（铜箔）资料

通过电子CAD，根据设计好的电路原理图进行PCB排版、布局、走线设计，PCB设计完成后必须进行“印制板布线铜箔资料”输出。

通常情况下，有几层板就必须有几张“印制板布线铜箔资料”输出，如单面板有一张、双面板有两张、四层板有四张。

那么每张“印制板布线铜箔资料”应包括哪些内容呢？首先来看一块单面印制板的铜箔面实际效果图（对于双面板或多层板，可以看见 TOP 和 BOTTOM 两个铜箔面。而对于多层板，还有内层铜箔面，只是在产品内部，无法直接看见），如图 2.25 所示。

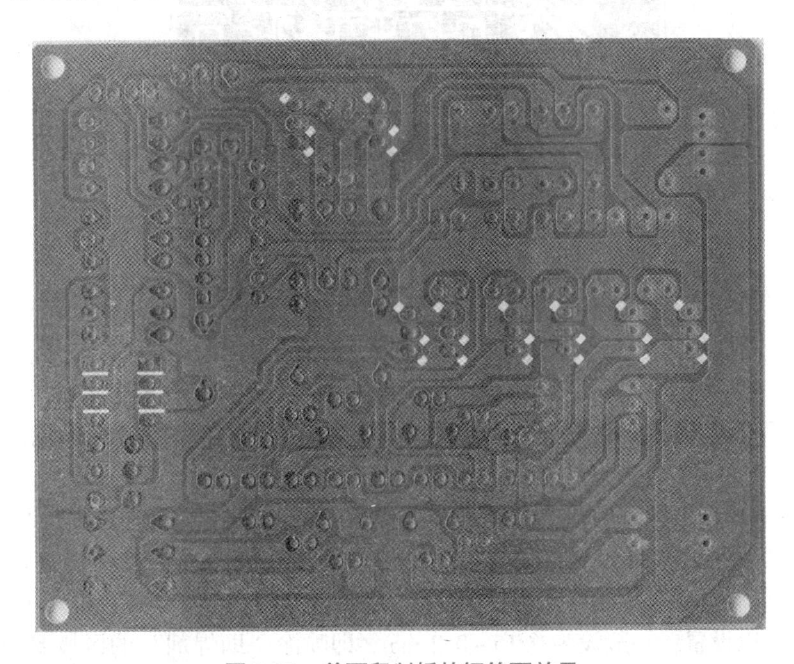

图 2.25　单面印制板的铜箔面效果

包含内容1：所有顶层元件在底层的焊盘（一般在电子 CAD 工具里称为“PAD”）。

包含内容2：底层的所有走线（一般在电子 CAD 工具里称为“TRACES”）。

包含内容3：底层的所有附加铜箔（一般在电子 CAD 里称为“COPPER”，一般是大面积接地的铺铜和为了满足可靠性而加粗的 TRACES 等）。

包含内容4：装配在底面元件的焊盘（如底面的 SMD 元件焊盘）。

包含内容5：过孔在底层的焊盘（一般在电子 CAD 工具里称为“VIAS”，此项目仅对 2 层及 2 层以上的 PCB 适用，单层板不适用）。

包含内容6：PCB 板的边框外形线。

包含内容7：PCB 板的外形尺寸标注线段和文字。

注：(1) 详细要求可参照有关“电子 CAD 设计”课程中的要求。

(2) 如果在 PCB 设计时，是以 TOP 面作为绘图基本面，那么在输出资料时应作镜像处理。

图 2.26 给出了电动车尾灯闪烁器的底层“印制板布线铜箔资料”胶片图。

2.7.2　铜皮面焊盘图片（SOLEDER MASK）资料

与“布线铜箔资料”同时使用的就是这个“铜皮面焊盘资料”了。

此资料在 PCB 制造厂有以下两种用途。

(1) 作为喷涂“绿油阻焊”（即经常看到的铜皮面绿色覆盖的地方）胶片使用。PCB

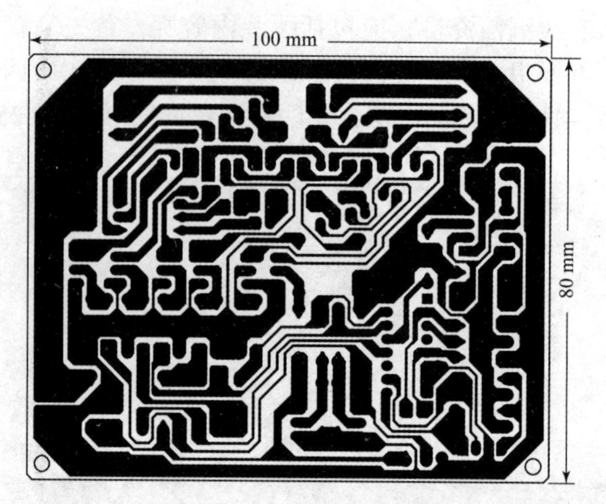

图 2.26　单面 PCB 的“印制板布线铜箔资料”胶片效果（在制作时已作镜像处理）

制造厂会根据我们提供的“铜皮面焊盘资料”翻拍负片（即白色的变为黑色，黑色的变为白色）。

（2）作为给焊盘上锡并喷涂“助焊剂”胶片使用，以便以后更好地焊接装配。

为保证元件的引脚与焊盘更好地焊接，一般作助焊使用的“铜皮面焊盘资料”胶片中的焊盘比实际焊盘（铜箔）稍微大些，称为“超大尺寸焊盘”，此参数电子 CAD 绘图软件在输出此资料可以设置，一般设为 0.15～0.2 mm，即喷涂“助焊剂”的区域要稍大于焊盘铜箔的面积（比焊盘铜箔周边要大 0.15～0.2 mm），图 2.27 中的黑色部分就是代表焊盘掩膜。

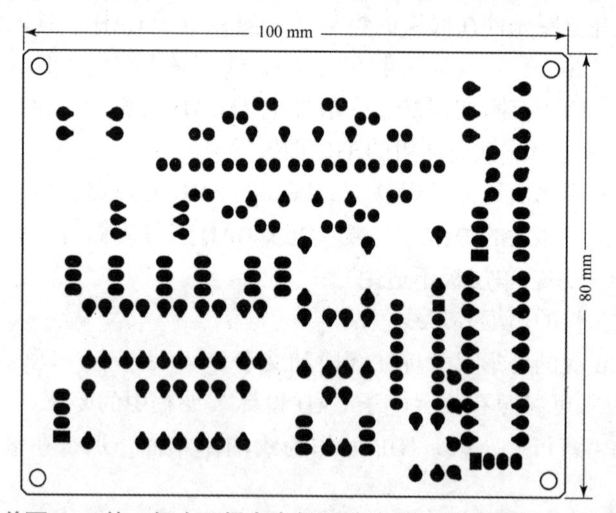

图 2.27　单面 PCB 的“铜皮面焊盘资料”胶片效果（在制作时已作镜像处理）

根据图 2.26 和图 2.27 两张资料就可以生产出图 2.28 所示的 PCB（实物照）。应重点关注元件引脚焊盘形状——泪滴状焊盘，这是为增加焊接的可靠性而专门设计的。

2.7.3　钻孔图资料

钻孔图资料是为 PCB 上各种元件（除 SMD 元件之外）的引脚孔径、PCB 板固定孔、一些其他的散热孔、安全开槽等需要在 PCB 所开的各种形状的孔或槽。需给出具体位置和每一个位置对应的孔槽形状及大小，以及所允许的公差。图 2. 28 所示为单面 PCB 的“钻孔图资料（铜皮面/底面）”效果；而图 2. 29 所示为单面 PCB 的“钻孔图资料（元件面/顶面）”效果。

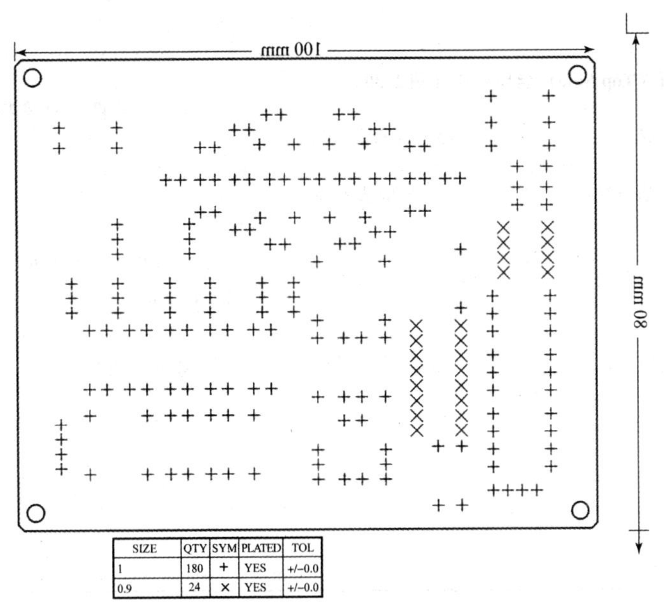

SIZE	QTY	SYM	PLATED	TOL
1	180	+	YES	+/-0.0
0.9	24	×	YES	+/-0.0

图 2. 28　单面 PCB 的“钻孔图资料（铜皮面/底面）”效果（在制作时已作镜像处理）

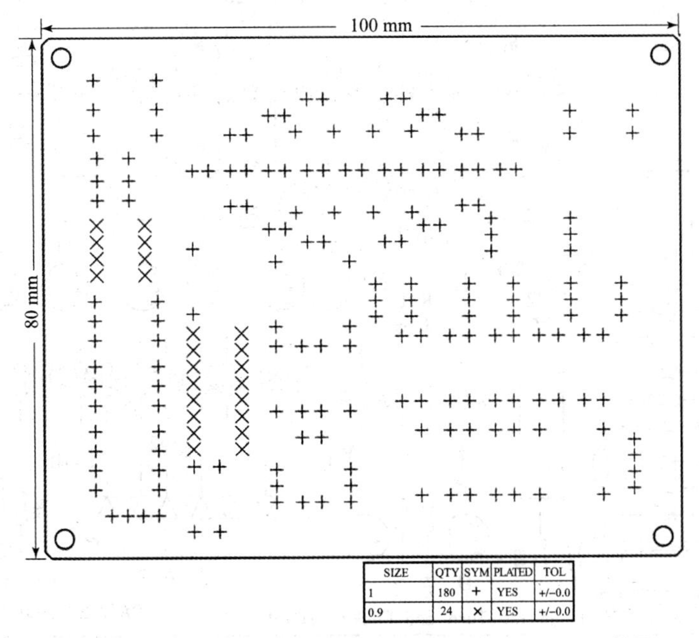

SIZE	QTY	SYM	PLATED	TOL
1	180	+	YES	+/-0.0
0.9	24	×	YES	+/-0.0

图 2. 29　单面 PCB 的“钻孔图资料（元件面/顶面）”效果

2.7.4 元件面丝印资料

元件面丝印资料应包含的内容，如表 2.19 所示。

表 2.19 元件面丝印资料

序号	顶面（Top Side）丝印资料（图 2.30）		图 2.31 实物照说明
	单面板	双面板（含多层板）	
1	PCB 轮廓边框线	PCB 轮廓边框线	
2	顶面元件外形俯视图	顶面元件外形俯视图	属于元件库；如 A 处所示的三极管外形及 E、B、C 字符
3	顶面元件位号	顶面元件位号	B 处所示的“Q8”
4	顶面说明文字	顶面说明文字	C 处指示的日期文字以及“F”等
5	顶面非电气图形	顶面非电气图形	D 处指示的测试点箭头等

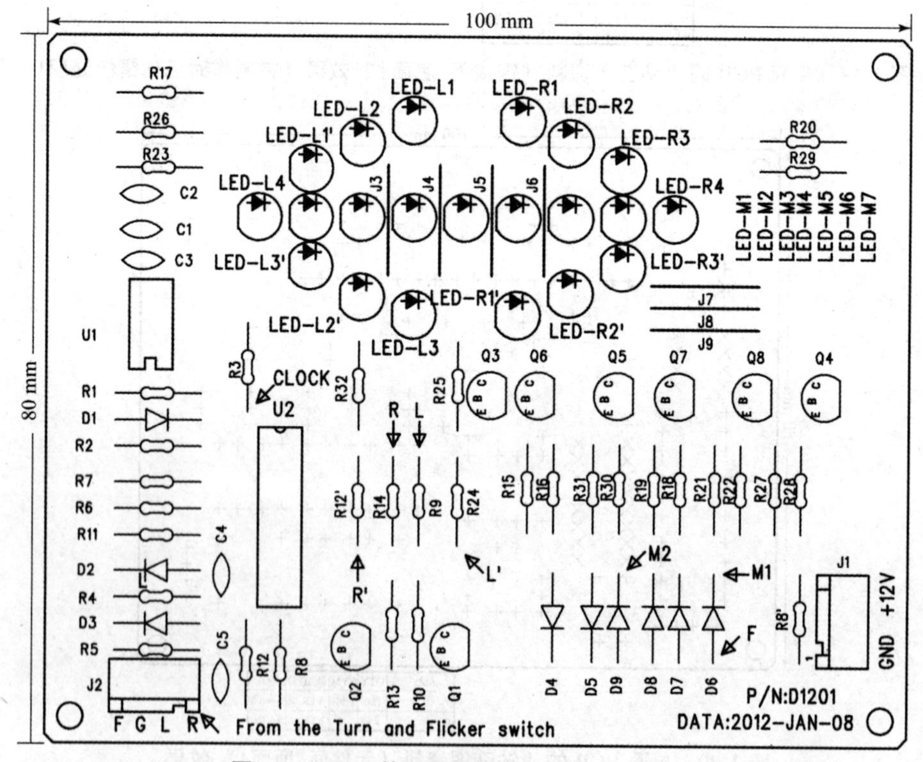

图 2.30 PCB 的“元件面丝印资料”（顶面）

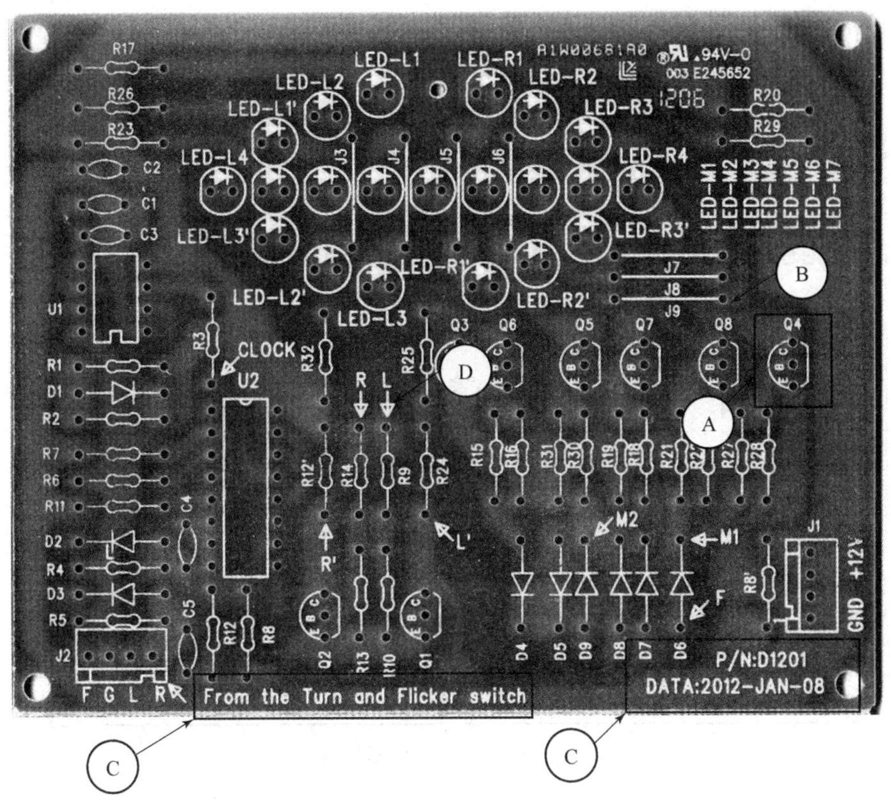

图 2.31　PCB 的“元件面丝印资料”（实物照片）

2.7.5　底面丝印资料

底面丝印资料应包含的内容，如表 2.20 所示。

表 2.20　底面丝印资料

序号	底面（Bottom Side）丝印资料（图 2.32）		说明
	单面板（铜皮面无元件装配）	双面板（含多层板）	
1	PCB 轮廓边框线	PCB 轮廓边框线	
2	顶面元件（插件）在地面的元件符号	①顶面元件（插件）在底面的元件符号 ②底面元件（SMD）外形俯视图	①属于插件元件库的底面符号 ②SMD 元件库的顶面外形（俯视图）
3	顶面元件（插件）的位号（需要镜像）	底面元件位号	
4	底面说明文字	底面说明文字	如安全警示文字
5	底面非电气图形	底面非电气图形	安全警示图形符号； 指示测试点的箭头等

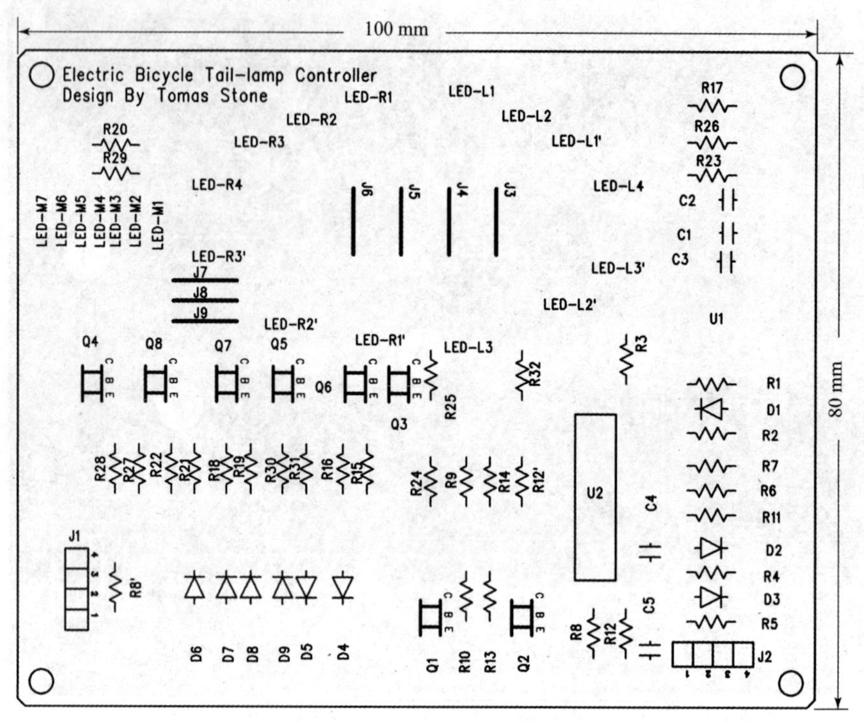

图 2.32　PCB 的“底面丝印资料”

2.7.6　内层布线资料

对于多层板，必须输出内层的布线资料，以供 PCB 厂加工内层所用。主要内容包含内层走线（Traces）、内层铜箔（Copper）、过孔（Via）等。

小结：PCB 输出资料与 PCB 层数（N）的关系（N 为大于 2 的偶数）见表 2.21。

表 2.21　PCB 输出资料与 PCB 层数的关系

各种资料	单层板	双面板	N 层板
顶层布线铜箔资料	0	1	1
顶层焊盘资料	0	1	1
顶层丝印资料	1	1	1
底层布线铜箔资料	1	1	1
底层焊盘资料	1	1	1
底层丝印资料	1	1	1
内层布线铜箔资料	0	0	$N-2$
钻孔资料	1	1	1
总计	5	7	$N+5$

2.7.7 “电动车尾灯闪烁器”PCB 介绍

图 2.33 所示为“电动车尾灯闪烁器”任务而设计出的一款 PCB 实物照片。

图 2.33　“电动车尾灯闪烁器”PCB 正面俯视图

现就这块 PCB 作简要说明如下。

（1）PCB 的大小为 100 mm × 80 mm。

（2）PCB 为单面板，板厚 1.6 mm，无铅喷锡工艺处理。

（3）板上部中央为“显示区域”，由 LED 阵列组成，所有 LED 极性朝向一致（左正右负）。

（4）板上所有三极管极性朝向一致（元件上有字符的平面全部朝向右排列）。

（5）板上所有的电阻元件脚距均为 10 mm，适合功率为 0.25 W 及以下的电阻手工和机器自动插件装配。

（6）板上所有的二极管元件脚距均为 10 mm，适合功率为 0.5 W 及以下的二极管手工和机器自动插件装配。

（7）所有的跨接线脚距均为 12.5 mm，适合手工和机器自动插件装配。

（8）A 列处所有横插类元件（电阻、二极管）的焊接处的 X 坐标完全一样。

（9）图 2.33 中 A 行、B 行、C 行所指的元件焊接处的 Y 坐标分别一致。

上述（3）~（9）项的设计处理，完全是为了提高产品以后的生产效率。

上述（3）~（4）项的设计处理（将有极性的元件在排版时使其极性朝向一致），在提高生产效率的同时，还方便检验——如果有一个元件在装配时安装反了，操作工及检验工一眼就能发现。

2.8 思考与练习

（1）什么是C流程？实施C流程的主要目的是什么？

（2）简要说明产品的生命周期中各阶段的任务。

（3）简述新产品开发流程。

（4）什么是产品开发计划表？制定一个“电动车尾灯闪烁器开发计划表”。

（5）在图2.13中，请你配备CN201的二路电源5VSB及DC12V，5VSB：5 V/？A；DC12V：12 V/？A。

（6）电子《产品规格书》制定的一般原则是什么？电子《产品规格书》一般包含哪些主要内容？

（7）电子产品电路方框图的设计有哪些要素？

____

____

____

____

（8）试分析你能接触到的日常生活电器（如电风扇等）的大致工作原理，画出其方框图。

（9）简述“电动车尾灯闪烁器”整机电路的工作原理。

____

____

____

____

____

____

____

（10）什么是 BOM？BOM 的分层有什么作用？制作一个“电动车尾灯闪烁器”的分层 BOM。

（11）什么是拼板？拼板有哪些方法？

____

____

____

____

（12）PCB设计资料输出有哪些？这些资料分别有什么作用？

模块3

电路设计与测试实训

3.1 电路逻辑状态描述、化简与信号选择设计

在进行电路设计之前，一般都需要先对电路要处理的信号进行分析、化简，使得实现的电路简单、可靠，避免设计重复。下面通过“电动车尾灯闪烁器”的设计例子来说明如何进行电路逻辑状态描述：列功能表或真值表→真值表合并→列出逻辑表达式→表达式化简。

卡诺图化简

3.1.1 电路逻辑功能表或真值表

（1）列出初始真值表。可直接根据“电动车尾灯闪烁器的规格书”中的显示方式得出初始逻辑真值表，如表3.1所示。

表3.1 “电动车尾灯闪烁器”各LED初始逻辑真值表

LED位号 \ 工作状态		左转显示1	左转显示2	右转显示1	右转显示2	闪烁显示1	闪烁显示2
1	L_1	H	L	L	L	L	L
2	L_1'	H	L	L	L	L	L
3	L_2	L	H	L	L	L	L
4	L_2'	L	H	L	L	L	L
5	L_3	H	L	L	L	L	L
6	L_3'	H	L	L	L	L	L
7	L_4	L	H	L	L	L	L
8	R_1	L	L	H	L	L	L
9	R_1'	L	L	H	L	L	L
10	R_2	L	L	L	H	L	L

续表

LED 位号		左转显示 1	左转显示 2	右转显示 1	右转显示 2	闪烁显示 1	闪烁显示 2
11	R_2'	L	L	L	H	L	L
12	R_3	L	L	H	L	L	L
13	R_3'	L	L	H	L	L	L
14	R_4	L	L	L	H	L	L
15	M_1	H	L	H	L	H	L
16	M_2	L	H	L	H	H	L
17	M_3	H	L	H	L	H	L
18	M_4	L	H	L	H	H	L
19	M_5	H	L	H	L	H	L
20	M_6	L	H	L	H	H	L
21	M_7	H	L	H	L	H	L

注：表中“H”表示亮；“L”表示熄灭。

电动车尾灯闪烁器（滚动亮暗显示方案）闪烁显示示意图，如图 3.1 所示。

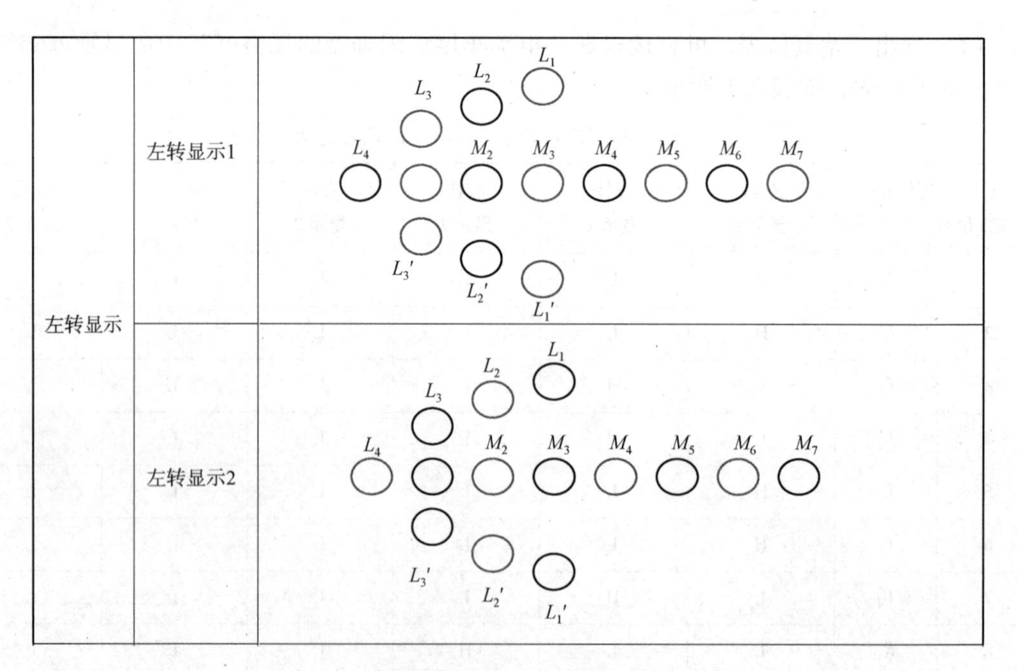

图 3.1　闪烁显示示意图

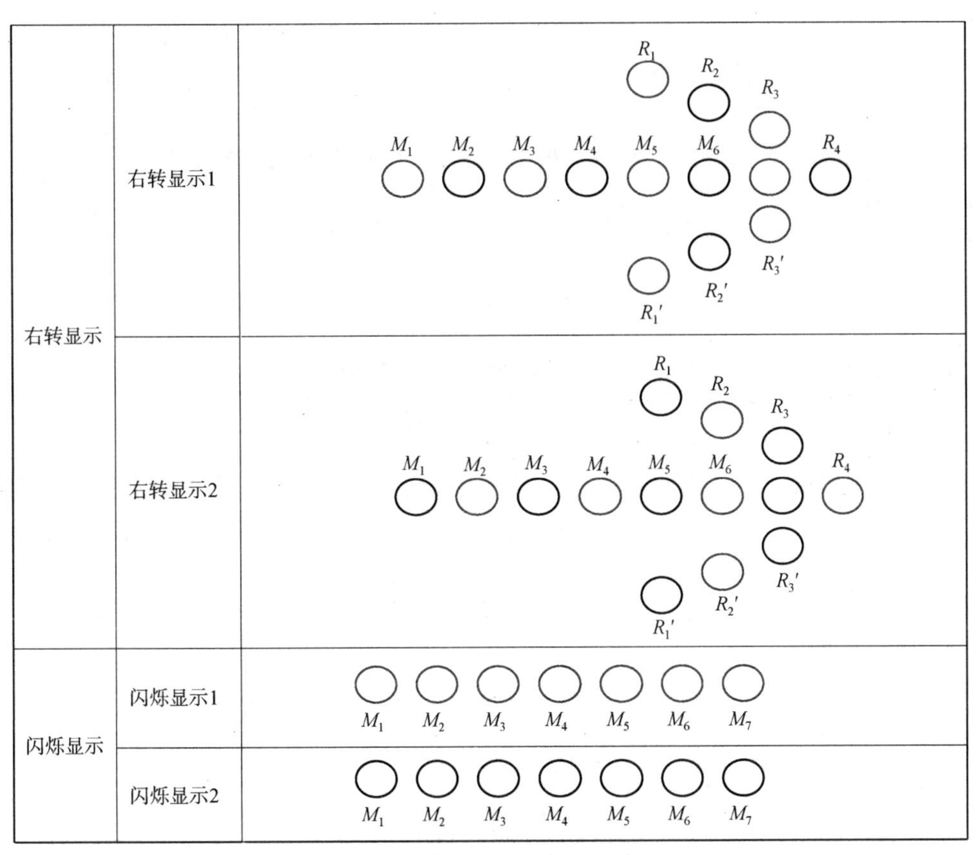

图3.1　闪烁显示示意图（续）

（2）合并初始真值表相同项目。将表3.1中相同的项目进行合并，上述逻辑真值表中的21项被合并成6项，如表3.2所示。

表3.2　合并后的"电动车尾灯闪烁器"各LED逻辑真值表

LED位号 \ 工作状态		左转显示1	左转显示2	右转显示1	右转显示2	闪烁显示1	闪烁显示2
1	$L_1/L_1'/L_3/L_3'$	H	L	L	L	L	L
2	$L_2/L_2'/L_4$	L	H	L	L	L	L
3	$R_1/R_1'/R_3/R_3'$	L	L	H	L	L	L
4	$R_2/R_2'/R_4$	L	L	L	H	L	L
5	$M_1/M_3/M_5/M_7$	H	L	H	L	H	L
6	$M_2/M_4/M_6$	L	H	L	H	H	L

注：表中"H"表示亮；"L"表示熄灭。

3.1.2　逻辑表达式及逻辑化简

1. 写出各输出的逻辑表达式

根据合并简化后的逻辑功能表或真值表可写出相应的逻辑表达式。

采取正逻辑的表达方法：忽略低电平输出时的工作状态（或输入条件），将高电平输出的工作状态（或输入条件）相加（此处为逻辑“或”的意思），即可得出该输出与工作状态（或输入条件）的逻辑表达式。

针对“电动车尾灯闪烁器”项目，根据表3.2，可写出下列逻辑表达式，共6项。

$L_1 = L_1' = L_3 = L_3'$ = 左转显示 1

$L_2 = L_2' = L_4$ = 左转显示 2

$R_1 = R_1' = R_3 = R_3'$ = 右转显示 1

$R_2 = R_2' = R_4$ = 右转显示 2

$M_1 = M_3 = M_5 = M_7$ = 左转显示 1 + 右转显示 1 + 闪烁显示 1

$M_2 = M_4 = M_6$ = 左转显示 2 + 右转显示 2 + 闪烁显示 1

2. 逻辑化简

我们知道，左转显示只有两种状态，不是“左转显示1”就是“左转显示2”，且是互补的，所以可以用一个逻辑变量来表示，此处用“L”信号来代表“左转显示”，L 为“高”表示“左转显示1”；L 为“低”表示“左转显示2”。

同理，用“R”信号表示“右转显示”，R 为“高”表示“右转显示1”；R 为“低”表示“右转显示2”。

同理，用“F”信号表示“闪烁显示”，F 为“高”表示“闪烁显示1”；F 为“低”表示“闪烁显示2”。

上述逻辑表达式可简化为

$$L_1 = L_1' = L_3 = L_3' = L$$

$$L_2 = L_2' = L_4 = \overline{L}$$

$$R_1 = R_1' = R_3 = R_3' = R$$

$$R_2 = R_2' = R_4 = \overline{R}$$

$$M_1 = M_3 = M_5 = M_7 = L + R + F$$

$$M_2 = M_4 = M_6 = \overline{L} + \overline{R} + F$$

总结：以上的逻辑推理过程是将产品技术规格书的显性具体需求转化为其实现电路的逻辑表达式（即实现的电路输出与输入信号的逻辑关系）。该过程是产品设计过程中的精髓所在。

本产品由上述化简后的逻辑表达式可以看出，其实现电路共有21只灯（需在6种状态下分别显示），经化简后其最终只需6种输出信号，而且这6种输出信号只与3种输入信号（L，R，F）有关。

“视觉暂留”效应

人眼在观察景物时，光信号传入大脑神经，需经过一段短暂的时间，光的作用结束后，视觉形象并不立即消失，这种残留的视觉称为“后像”，视觉的这一现象则称为“视觉暂留”。原因是由视神经的反应速度造成的，其时值是（1/24）s。（1/24）s的频率就是24 Hz。“视觉暂留”效应是动画、电影等视觉媒体形成和传播的根据。

3.1.3　控制信号选择与设计

由于本产品需要利用闪烁来达到警示提醒作用，闪烁的意思即一亮一灭。故引入一个时钟信号 CLOCK，利用 CLOCK 信号的高、低电平对应 LED 的亮和灭。根据人眼的视觉暂留效应，将其频率设置为 3 ~ 5 Hz、占空比约为 50% 的方波。

本机的使用状况有 4 种状态，即停止、闪烁显示、左转显示、右转显示。此 4 种状态与需用的 3 种 L、R、F 信号及 CLOCK 信号具有对应关系。

本机的工作状态与所需信号对应关系如表 3.3 所示。

表 3.3　工作状态与所需信号对应关系

信号 状态	***L*** **(Left)**	***R*** **(Right)**	***F*** **(Flicker)**
停止	×	×	×
左转显示	= CLOCK	×	×
右转显示	×	= CLOCK	×
闪烁显示	×	×	= CLOCK

注：表中的“×”表示无信号，即一直为低电平。

1. 控制开关的设计选择

根据功能要求，选择两个开关，一个开关作转向控制用，另一个开关作闪烁控制用。

对于转向控制开关，考虑行车的实际情况（左转、直行、右转）及驾驶人的习惯心理，选择单刀三掷开关，其 3 个位置分别对应左转、直行、右转 3 种状态。

对于闪烁控制开关，考虑行车的实际情况（闪烁、停止闪烁）及驾驶人的习惯心理，选择单刀双掷开关。其两个位置分别对应闪烁、停止闪烁两种状态。

开关位置与本机工作状态及所需信号的对应关系如表 3.4 所示。

表 3.4　开关位置、工作状态与所需信号对应关系

转向开关位置	闪烁开关位置	本机工作状态	***L*** **(Left)**	***R*** **(Right)**	***F*** **(Flicker)**
STOP	STOP	停止	×	×	×
L	STOP	左转显示	= CLOCK	×	×
R	STOP	右转显示	×	= CLOCK	×
STOP	FLICKER	闪烁显示	×	×	= CLOCK
L	FLICKER				
R	FLICKER				

注：表中的 × 表示无信号。

2. 多路信号分配器（电子模拟开关）的控制设计

要将一个CLOCK信号分配给3个信号（*L*，*R*，*F*），可以选用“一分四”的电子开关(HC4052)。此电子开关需要两个控制信号*B*、*A*。因此，开关位置、本机工作状态、所需信号、控制信号的对应关系如表3.5所示。

表3.5　开关位置、工作状态、所需信号及控制信号对应关系

转向开关位置	闪烁开关位置	本机工作状态	*B*	*A*	*L*(Left)	*R*(Right)	*F*(Flicker)
STOP	STOP	停止	High	High	×	×	×
L	STOP	左转显示	High	Low	= CLOCK	×	×
R	STOP	右转显示	Low	High	×	= CLOCK	×
STOP	FLICKER	闪烁显示	Low	Low	×	×	= CLOCK
L	FLICKER						
R	FLICKER						

注：表中的×表示无信号。

3. 控制开关的连接方法

由表3.5可知，控制开关的状态组合会形成4种本机工作状态，即停止（STOP）、左转显示、右转显示、闪烁显示；

真正有用的状态有3种，分别用LL表示“左转显示”状态；RR表示“右转显示”状态；FF表示“闪烁显示”状态。

考虑到实际电路应该有一个“地”来作为信号的基准，故该电路输出至少有4个端子，即LL、RR、FF、GND。

选用“低电平”为有效逻辑电平，即被选中时为低电平，未被选中时为高阻状态。

转向开关和闪烁开关连接方法如图3.2所示。

由图3.2可以看出，要实现“左转显示”状态，只需将转向开关S1拨到“3”位置；同时闪烁开关S2拨到“2 STOP”位置。此时端子“LL”接地，为低电平，其他两个端子RR和FF皆为高阻（悬空）状态。

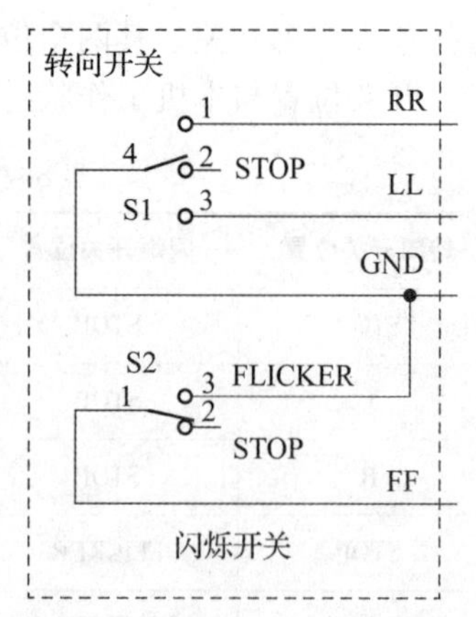

图3.2　控制开关连接示意图

同理，可以分析“右转显示”状态时的开关位置及3个输出端子的信号电平或状态。

要实现“闪烁显示”状态，只需将闪烁开关S2拨到“3 FLICKER”位置，使“FF”端子处于低电平即可，而不在乎转向开关S1处于何种位置。

注意：此两开关应安装在扶手附近，以方便操作。为此应尽量减少与控制板的连接线数量。此方案中两开关共有7个连接点，但只需4根连线。

请试选用“高电平”为有效逻辑电平，即被选中时为高电平，未被选中时呈现高阻或接地，重新设计控制开关连线，并分析电路的4种状态、开关位置及3个信号输出端子LL、RR、FF对应的逻辑电平或阻抗状态。最终看需要多少根连接线来实现。

3.2　任务 1：时钟信号（方波）电路的设计与测试

3.2.1　设计任务的确定

本任务的设计任务是：产生一个时钟信号，供后续电路使用。

3.2.2　电路逻辑状态描述、化简与信号选择

本任务只产生一个时钟信号：频率为 3 ~ 5 Hz、占空比约为 50% 的方波信号。无需化简。该信号的高电平应能驱动后续的显示电路，选择大于 6 V；该信号的低电平应确保后续的驱动显示电路应处于截止状态，所以选择必须小于 1 V。

3.2.3　方框图的设计

根据模块 2 的标准方框图，如图 3.3 所示。

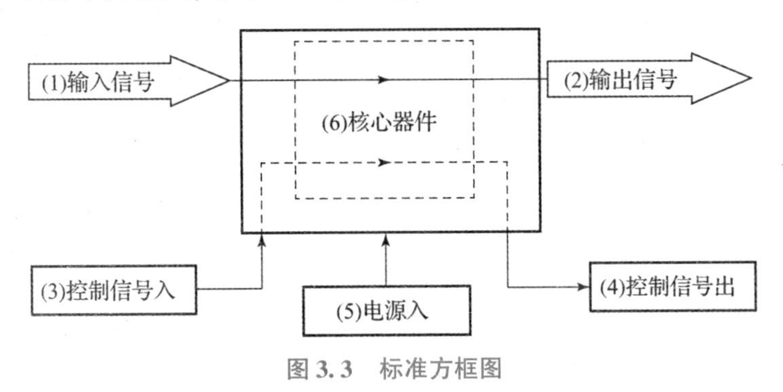

图 3.3　标准方框图

对照方框图设计的六要素，结合本任务的具体情况如下。

(1) 输入信号：无。
(2) 输出信号：时钟信号（3 ~ 5 Hz 的方波）。
(3) 输入控制信号：无。
(4) 输出控制信号：无。
(5) 电源：12 V。
(6) 核心器件：NE555（位号为 U1）。

因此，得出任务一的方框图如图 3.4 所示。

核心器件选择说明：我们知道，产生振荡信号的电路有很多种，如 *RC* 振荡器、*LC* 振荡器、石英晶体振荡器、DDS 集成电路振荡器等。此处选择 555 时基 IC 来作振荡电路，其

主要考虑以下两点。

①产生一个低频的方波，而且对频率的精度要求不高。

②掌握使用555时基IC作多谐振荡器的设计方法。

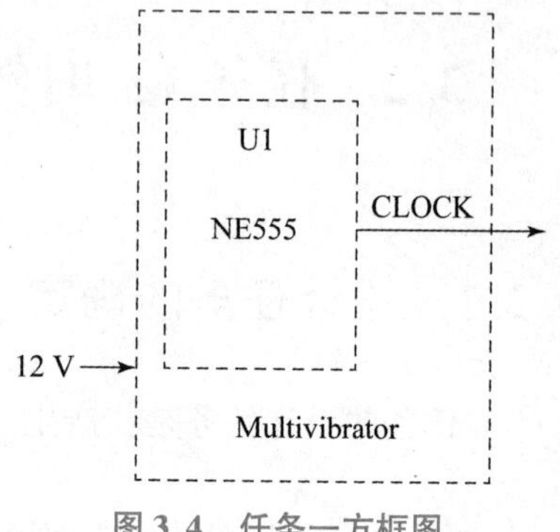

图3.4　任务一方框图

3.2.4　电路原理图设计及原理分析

1. 电路原理图

555时基IC也称555定时器，它是一种多用途的数字－模拟混合集成电路，利用它能极方便地构成施密特触发器、单稳态触发器和多谐振荡器。由于使用灵活、方便，所以555定时器在波形的产生与变换、测量与控制、家用电器、电子玩具等许多领域中都得到了应用。

根据555的电气特性，连接成多谐振荡器，选择元件参数，电路原理图如图3.5所示。

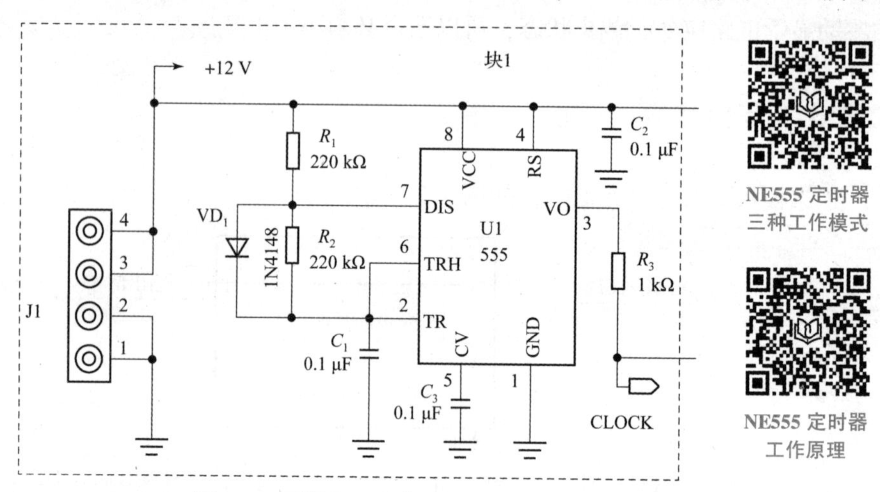

图3.5　子任务一之电路原理图

NE555定时器三种工作模式

NE555定时器工作原理

2. 原理分析

核心器件555的功能表如表3.6所示。

表3.6　NE555的功能表

状态	输入			输出	
	RS(PIN4)	TRH(PIN6)	TR(PIN2)	VO(PIN3)	DIS(PIN7)
1	L	×	×	低	低（内部三极管导通）
2	H	$>\frac{2}{3}V_{CC}$	$>\frac{1}{3}V_{CC}$	低	低（内部三极管导通）
3	H	$<\frac{2}{3}V_{CC}$	$>\frac{1}{3}V_{CC}$	不变	不变
4	H	$<\frac{2}{3}V_{CC}$	$<\frac{1}{3}V_{CC}$	高	（内部三极管截止）
5	H	$>\frac{2}{3}V_{CC}$	$<\frac{1}{3}V_{CC}$	高	（内部三极管截止）

555作为多谐振荡器其原理简介

起始状态下，电容 C_1 没有充电，其两端压差为0，由于6脚和2脚都连接到 C_1 的一端，也即此时2脚、6脚电压为低电平（低于 $V_{CC}/3$），根据555的功能表可知属于“状态4”，V_0 输出高电平。

随着 C_1 的充电继续，其两端压差越来越大，当压差超过 $V_{CC}/3$，但没有达到 $\frac{2}{3}V_{CC}$，属于“状态3”阶段（V_0 输出维持不变，此时仍然为高电平）。

充电继续，端压差一旦大于 $\frac{2}{3}V_{CC}$，555的状态转换成“状态2”，V_0 输出变成低电平；同时内部三极管导通（其三极管的集电极连接到“7脚”），使电容 C_1 开始经 R_2 放电，两端压差开始下降。

放电继续，端压差继续下降，在低于 $V_{CC}/3$ 之前都属于“状态3”，其 V_0 输出维持不变，即此时仍然为上一个状态的低电平；内部三极管继续导通，使放电继续。

随着放电的继续，其两端压差一旦低于 $V_{CC}/3$，555的状态即由“状态3”转换成“状态4”，V_0 输出由低变为高；同时内部的三极管截止，放电过程结束。由于 R_2、VD_1、R_1 连接到更高的电位（本电路连接到电源 V_{CC}），C_1 又开始充电，其两端压差将要升高。

充电继续，只要端压差不超过 $\frac{2}{3}V_{CC}$，555就属于“状态3”；输出维持高电平不变。

以上状态，循环往复，其输出也不停地重复“高、低、高、低、……”。

充放电循环：　　　　状态循环：

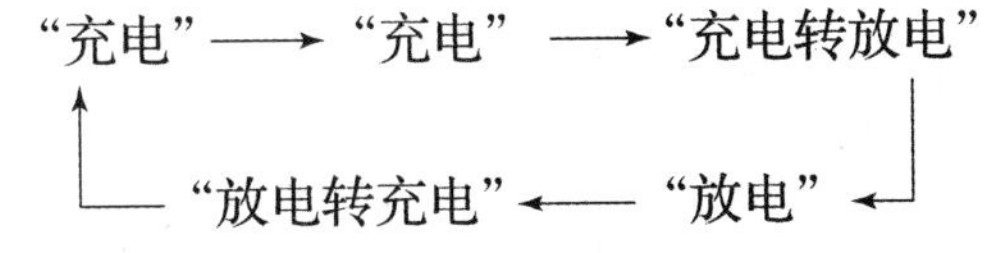

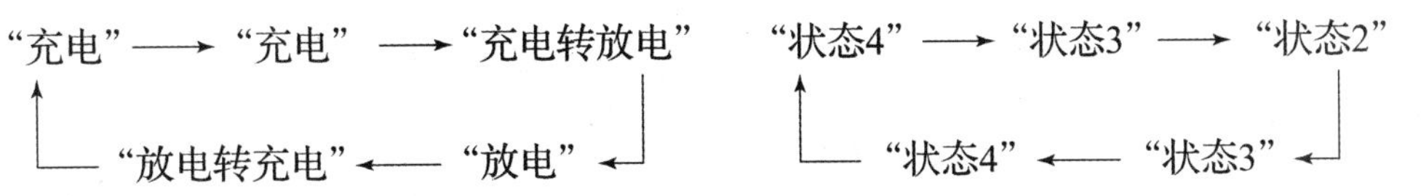

V_0循环：　　　　内部三极管状态循环：

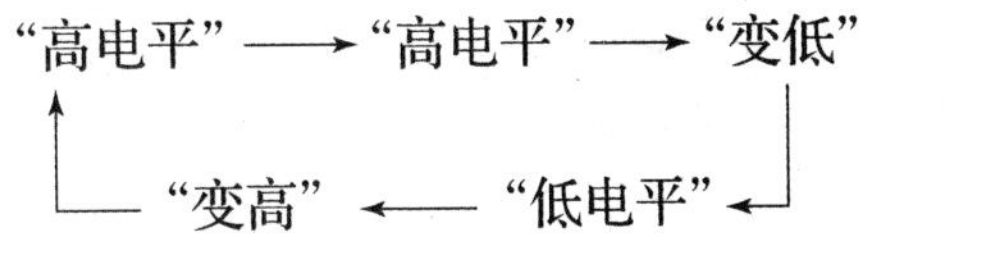

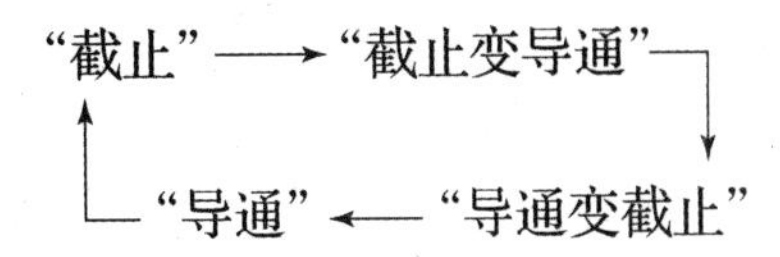

请读者注意，“状态2”和“状态4”都是瞬间状态，出现的时间极短，而两个“状态3”维持的时间则相对很长，即充电时间和放电时间。

C_1 的充电路径，如果没有 VD_1，则充电路径为：+12 V电源经过 R_1、R_2 给 C_1 充电。有 VD_1 时的充电路径则为：+12 V电源经过 R_1、VD_1 给 C_1 充电，如图3.6所示。

C_1 的放电回路如图3.7所示，C_1 充电、放电波形以及3脚的输出波形如图3.8所示。

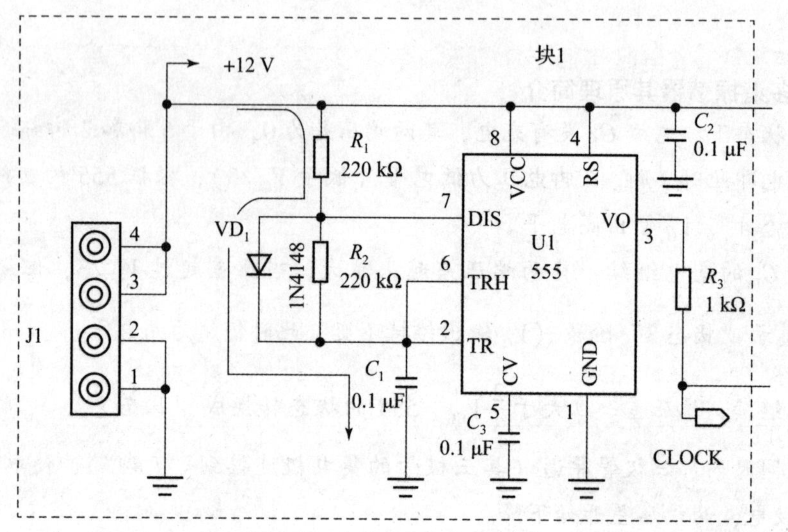

图 3.6　电容 C_1 的充电回路

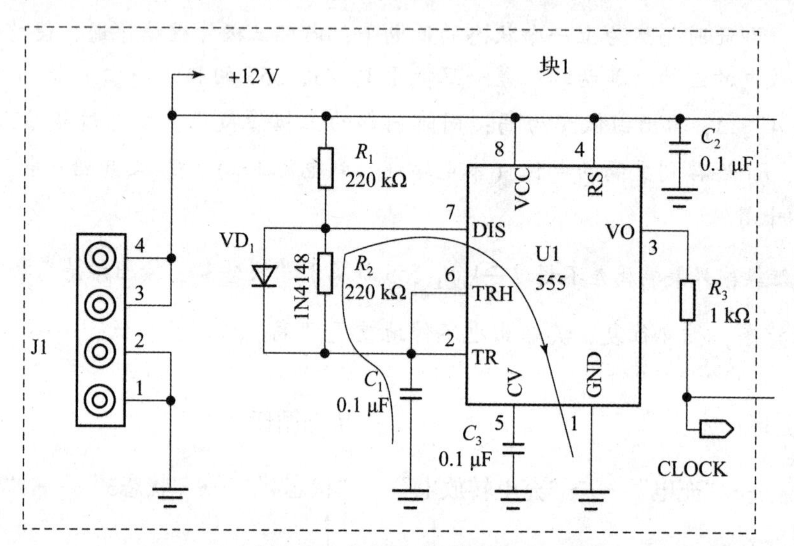

图 3.7　电容 C_1 的放电回路

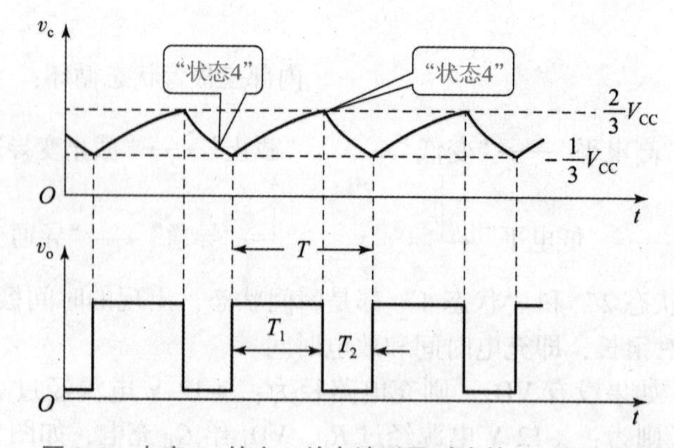

图 3.8　电容 C_1 的充、放电波形及对应的 V_o 输出波形

1）充电时间的理论计算

当 VD_1 开路时，充电时间为

$$T_1=(R_1+R_2)\cdot C_1\cdot\ln\frac{V_{CC}-U(T_-)}{V_{CC}-U(T_+)} \tag{3.1}$$

式中，V_{CC}为电容充电无穷远时刻的电压值；$U(T_-)$ 为电容充电开始瞬间的电压值，在555振荡电路中此值为 $V_{CC}/3$；$U(T_+)$ 为电容充电要达到的目标电压值，在555振荡电路中此值为 $2V_{CC}/3$。

所以式（3.1）为

$$\begin{aligned}T_1&=(R_1+R_2)\cdot C_1\cdot\ln2\\&=0.69(R_1+R_2)\cdot C_1\end{aligned} \tag{3.2}$$

当 VD_1 连接时，R_2 被二极管 VD_1 短路，忽略二极管的正向压降，此时的 VD_1 可以认为是0 Ω。

所以充电时间为

$$T_1=0.69\cdot R_1\cdot C_1 \tag{3.3}$$

2）放电时间的理论计算

电容 C_1 放电的回路：不论是否接入二极管 VD_1，其放电回路都是一样的，即为 C_1 正极→R_2→555内部晶体管C极→555内部晶体管E极→C_1 负极。

所以放电时间为

$$T_2=R_2\cdot C_1\cdot\ln\frac{0-U(T_+)}{0-U(T_-)} \tag{3.4}$$

在式（3.4）中，0为电容放电无穷远时刻的电压值，即假想电容的电全部放完；

$U(T_+)$ 为电容放电开始瞬间的电压值，在555振荡电路中此值为 $2V_{CC}/3$；

$U(T_-)$ 为电容放电要达到的目标电压值，在555振荡电路中此值为 $V_{CC}/3$。

所以式（3.4）为

$$\begin{aligned}T_2&=R_2\cdot C_1\cdot\ln2\\&=0.69R_2\cdot C_1\end{aligned} \tag{3.5}$$

3）振荡周期（频率）及占空比的理论计算

当 VD_1 开路时，由式（3.2）和式（3.5）可求得电路的振荡周期为

$$T=T_1+T_2=0.69\cdot(R_1+2R_2)\cdot C_1 \tag{3.6}$$

所以电路的振荡频率为

$$f=1/T=1/[0.69(R_1+2R_2)\cdot C_1] \tag{3.7}$$

所以输出脉冲信号的占空比为

$$q=T_1/T=(R_1+R_2)/(R_1+2R_2) \tag{3.8}$$

式（3.8）说明，VD_1 开路时，图3.7电回路所示的电路输出脉冲的占空比始终大于50%。

当 VD_1 连接时，由式（3.3）和式（3.5）可求得电路的振荡周期为

$$T=T_1+T_2=0.69(R_1+R_2)\cdot C_1 \tag{3.9}$$

所以电路的振荡频率为

$$f=1/T=1/[0.69(R_1+R_2)\cdot C_1] \tag{3.10}$$

所以输出脉冲的占空比为

$$q = T_1/T = R_1/(R_1 + R_2) \tag{3.11}$$

式（3.11）说明，VD_1 连接后，图 3.7 所示的电路输出脉冲的占空比可小于 50%。

如图 3.7 所示电路中的参数值，由式（3.9）、式（3.10）和式（3.11）可分别算出该电路的周期、频率及占空比为

$$T = 0.69(R_1 + R_2) \cdot C_1 = 0.69 \times 2 \times 220 \times 1\,000 \times 0.1/1\,000\,000 = 0.030\,36(\mathrm{s}) = 30.36(\mathrm{ms})$$

$$f = 1/T = 32.94(\mathrm{Hz})$$

$$q = 1/2 = 50\%$$

读者在以后的电路性能测试时可以验证上述的理论计算。

但要注意的是，实际的元件参数与元件所标称的值也存在一定的误差。比如：一般来说普通碳膜电阻的标称阻值与实际阻值的误差在 ±5% 以内，而普通的瓷片电容其标称容量与实际容量的误差在 ±20% 以内，普通的电解电容容量误差甚至达到 +80%、-20%。这些误差最终都会累积到一起（极端情况下，所有的元件都是正误差，或者所有的元件都是负误差；大多数的情况下，一部分元件是正误差，而另一部分元件则是负误差，可以相互抵消一部分误差），从而最终引起实测的结果与理论计算的差距。

在特定场合下，要求输出信号或性能必须达到特定的范围要求，为了能满足批量生产就必须选用高精度的电子元器件，如电阻可以选择精密电阻（误差能小到 ±1% 或 ±1‰以内），电容也可以选择温度特性稳定、容量误差更小的电容。但这些高精度的电阻、电容等电子元器件，其成本价格也是普通材料的数倍或 10 倍以上。

实际产品设计时，在不影响产品性能的情况下尽量选用通用电子元器件，这样做的目的如下。

（1）通用电子元器件容易采购、备料，方便及时生产。

（2）通用电子元器件价格便宜，有利于降低产品的材料成本。

本书的设计任务是"电动车尾灯闪烁器"，对时钟信号的频率误差要求不严格，可以允许频率误差达到 ±30% 左右，所以选用最普通的电阻、电容。

3.2.5 BOM 生成

在电路原理图中编辑好各元件的参数，提取元件的参数生成 BOM。要按照"材料清单"中对 BOM 的要求制作好任务 1 的 BOM，格式如表 3.7 所示。

表 3.7 BOM（材料清单）

Level	Part Number	Description	规格/型号	数量	位号
1	81. MODULE1	时钟发生电路任务		1	
2	?	TIMER IC	NE555 DIP8	1	U1
2	?	二极管	?	1	D1
2	?	瓷片电容	?	3	C1，C2，C3
2	?	碳膜电阻	?	?	?

续表

Level	Part Number	Description	规格/型号	数量	位号
2	?	四芯插座（2.5 mm）	?	?	?
2		裸导线 Pitch = 10 mm		1	JP10

请将表 3.7 中的所有“?”处都完成。

3.2.6　在 PCB 上的装配位置

装配注意事项如下。

（1）请确保电源插座 J1 及电源连线正确，保证 J1 的下面两个脚是连 12V 电源负极，J1 上面的两个脚连 12V 电源正极。

（2）U1 IC 在安装时，请注意方向，确保芯片的缺口与 PCB 上 U1 丝印缺口一致。

元器件在 PCB 上的安装位置如图 3.9 和图 3.10 所示。

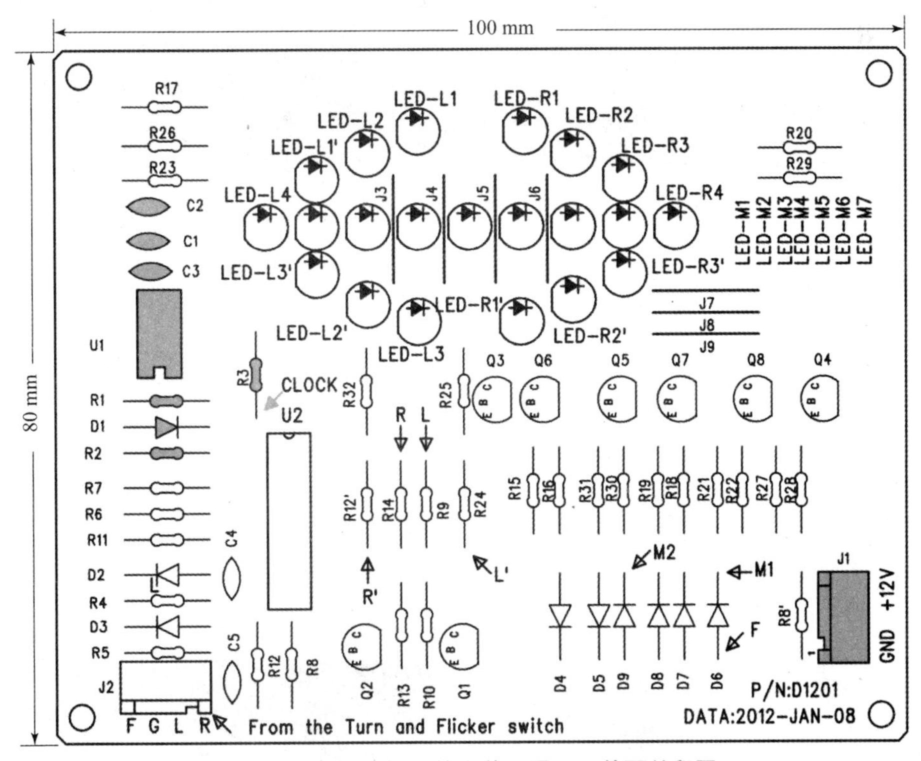

图 3.9　元件在 PCB 上的安装位置（元件面丝印图）

3.2.7　电路测试

1. 使用仪器

包括数字存储示波器、万用表；12 V 直流电源。

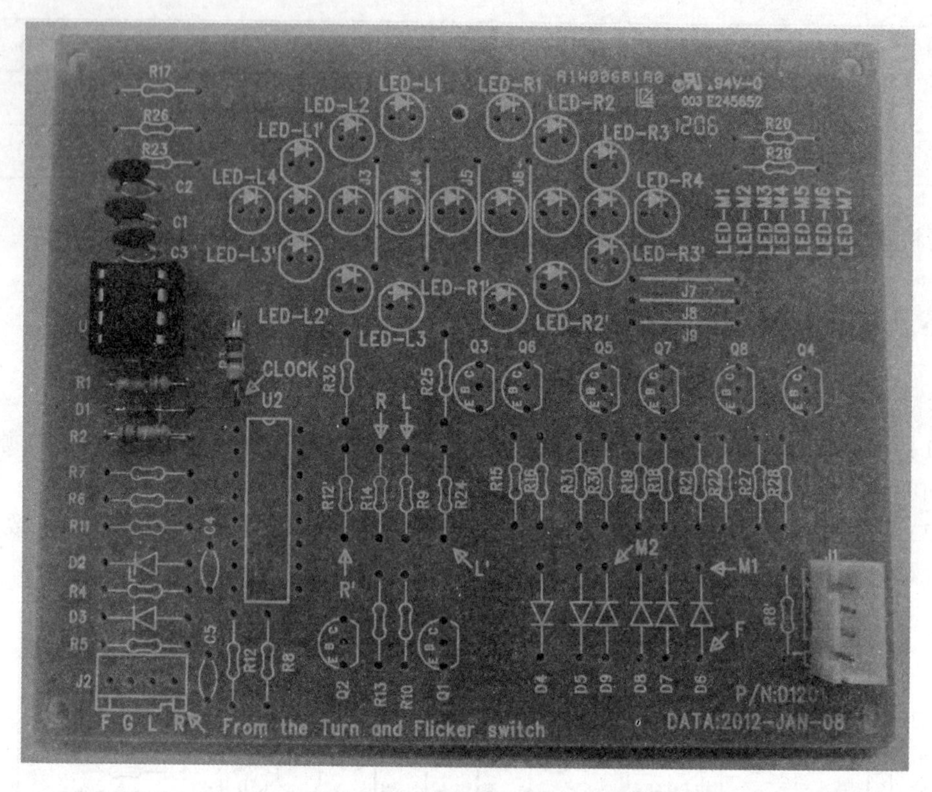

图 3.10　元件在 PCB 上的安装位置（实物装配效果）

2. 测试点

在“CLOCK”（R3 的一端）处。

3. 测试内容

（1）正确连接电源，使用示波器观察并记录波形。

示波器的设置如下。

①探头设置：置 ×10 挡（一般来说，使用 ×10 挡比 ×1 挡对被测电路的影响较小），如图 3.11 所示。

②示波器的通道 CH1 探头菜单衰减系数设置：置 ×10 挡（与探头一致），如图 3.12 所示。

图 3.11　探头设置

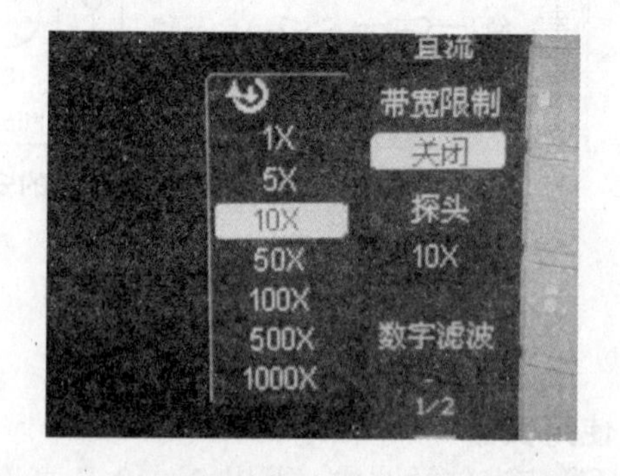

图 3.12　示波器通道 CH1 探头菜单衰减系数设置

③通道 CH1 的耦合设置：DC，如图 3.13 所示。

测量技巧：

如果通道耦合方式为 DC，可以通过观察波形与信号地之间的差距快速测量信号的直流分量。

如果通道耦合方式为 AC，信号里面的直流分量被滤除。这种方式方便您用更高的灵敏度显示信号的交流分量。

④通道 CH1、CH2 的垂直（幅度）调节设置。调节垂直 SCALE 可以分为粗调和微调两种模式，粗调一般以 1－2－5 步进方式调整垂直挡位，即以 2 mV/div、5 mV/div、10 mV/div、20 mV/div、…、1 V/div、2 V/div、5 V/div、10 V/div 方式步进变化；微调指在当前垂直挡位范围内进一步调整。如果输入的波形在当前挡位略大于满屏幕，而应用下一挡位波形显示幅度又显得过低，此时可以应用微调改善波形显示幅度，以利于观测信号细节。

在本任务中，要测量的时钟信号（CLOCK）是 555 集成电路的输出信号，其幅度范围处于电源电压与低电平之间，即输出信号的范围大致为 12 V 左右。由于屏幕共有 8 格，故建议垂直（幅度）调节设置为 1.5 V/div。

⑤水平（时间）调节设置。示波器屏幕水平方向上的中点是波形的时间参考点，改变水平刻度会导致波形相对屏幕中心扩张或收缩。

在本任务中，要测量的时钟信号（CLOCK），其频率大约为几赫兹至几十赫兹之间，所以将示波器的水平（时间）设置为 50 ms/div、100 ms/div、200 ms/div（毫秒/每格），一般以能看到两个完整的周期为佳。

⑥示波器的触发模式设置。触发模式可根据待测量信号的特点来选择。触发模式一般有边沿、脉宽、斜率、视频、交替、码型、持续时间触发等。

通常情况下，一般选择边沿触发，如图 3.14 所示。

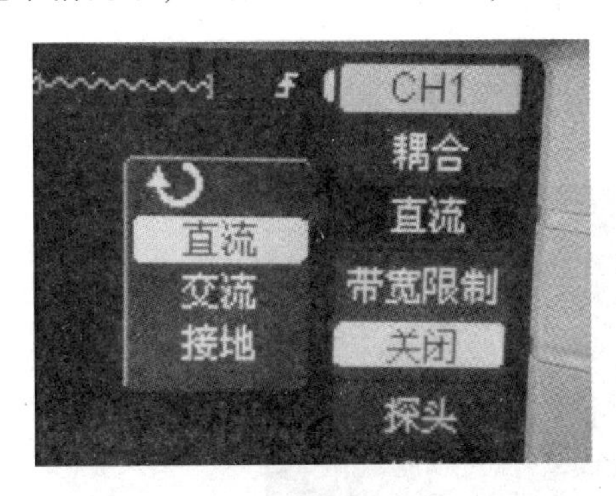

图 3.13 通道 CH1 的耦合设置

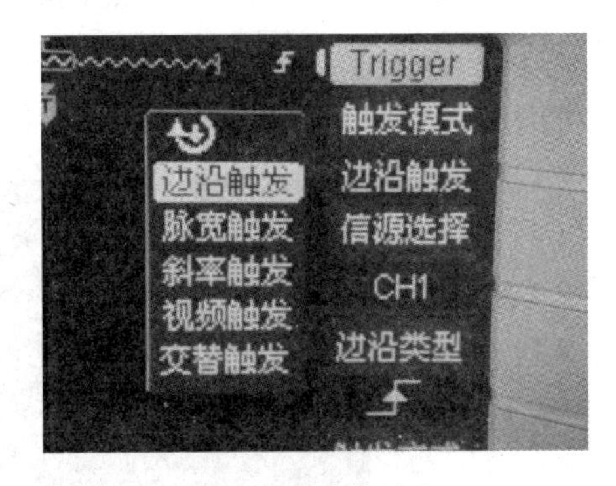

图 3.14 边沿触发

边沿类型的选择：可选择“上升沿”“下降沿”或“上升 & 下降沿”。

图 3.15 所示是指选择上升沿触发。

触发电平的选择：触发电平一般选择容易捕捉到波形的电平值。本例要测量的时钟信号电平范围在 0～12 V，可以选择触发电平为 3～9 V。

图 3.16 所示为正确设置后测量并保存下来的波形。

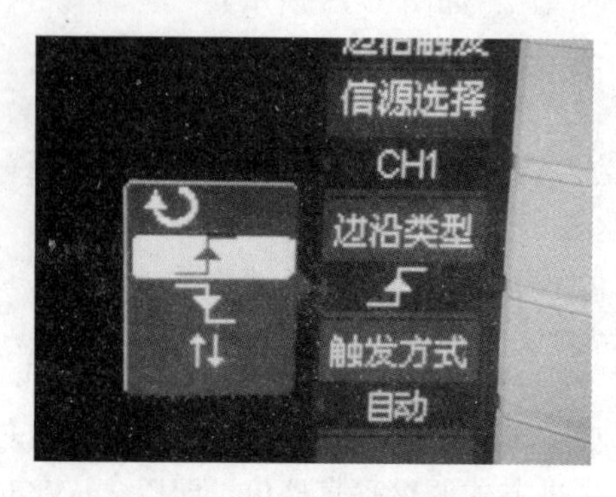

图 3.15　选择上升沿触发

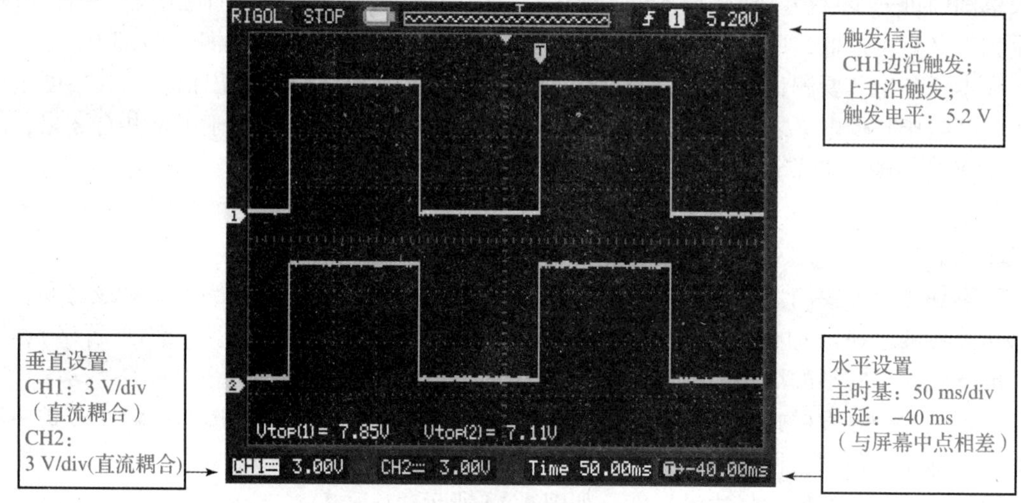

图 3.16　测量波形

（2）测试 CLOCK 信号的 T、T_1、T_2 及频率、占空比及高低电平值。图 3.17 是原理分析模块中的图 3.8 对应的实测波形图，其中 CH1 的测量点为 U1 的第 2 脚。

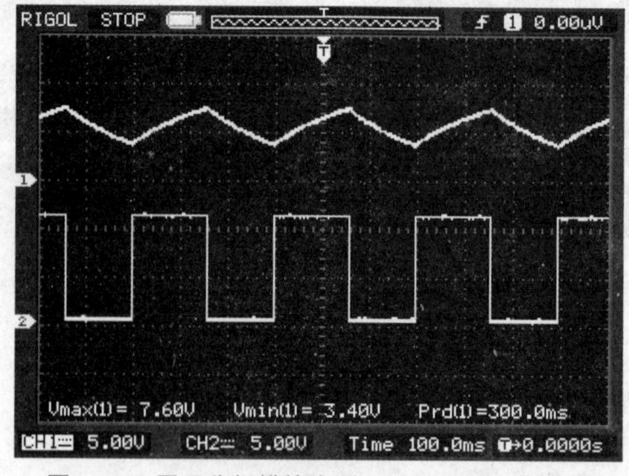

图 3.17　原理分析模块中图 3.8 对应的实测波形

（3）CH2 的测量点为 CLOCK（图 3.10 所示的测量点）。

同学们可以参照图 3.17，测量自己亲手组装的试验板中的 CLOCK 信号，并将波形保存下来（建议使用 U 盘保存波形，以便以后分析整理时再次使用）。

在测量到正确的信号波形后，请测量并计算你的试验板中的 CLOCK 信号频率、周期（T、T_1、T_2）、占空比及高低电平值。

如测量到的波形与图 3.17 所示波形不一致，请分析原因，并想办法解决它。

（4）使用万用表测量 12V 电源的工作电流。

（5）调整电路元件 R_1、R_2、C_1 的参数，使时钟信号的频率为 3 ~ 5 Hz，占空比约为 50%。测量并记录波形（建议：$R_1 = R_2 = 220\ \text{k}\Omega$，$C_1 = 1\ \mu\text{F}$）。

（6）按照上一条的电路元件 R_1、R_2、C_1 参数调整，修改并保存原理图及材料清单。

3.2.8　学习总结

（1）掌握使用 555 时基电路做多谐振荡器的工作原理。

（2）掌握双踪示波器的使用方法。

（3）通过使用双踪示波器测量 U1 的第 2 脚波形及输出波形；根据测量结果，了解理论计算与实际测量波形之间存在的误差。

（4）掌握修改有关电路中关键元件的参数，从而实现不同频率的输出信号。

（5）学会修改 BOM。

3.2.9　思考与练习

（1）完成表 3.8 所示时钟信号电路的 BOM。

表 3.8　时钟信号电路 BOM

Level	Part Number	Description	规格/型号	数量	位号
1	81. MODULE1	时钟发生电路任务		1	
2		TIMER IC	NE555 DIP8	1	U1
2		二极管		1	D1
2		瓷片电容		3	C1，C2，C3
2		碳膜电阻			
2		四芯插座（2.5 mm）			
2		裸导线 Pitch = 10 mm		1	JP10

（2）在块 1 电路中，如 $R_1 = R_2 = 5.1\ \text{k}\Omega$，$C_1 = 0.01\ \mu\text{F}$。

①试计算本时钟电路的振荡频率。

____

____。

②实际测量该电路的输出信号频率。

____

____。

③比较理论计算与实际测量结果的误差。

____

____。

④分析引起这种误差的原因。

____

____

____。

（3）本任务中，为什么一定要将 CLOCK 信号的频率改到 3 ~ 5 Hz？

____

____

____。

（4）此电路输出的信号占空比能否大于 50%？如果不能，怎样修改电路，并实现之。

____

____

____。

（5）改变输出信号的频率时，输出信号的幅度有变化吗？

____

____

____。

3.3 任务 2：闪烁模式控制及电子模拟开关电路的设计与测试

3.3.1 任务确定

本任务是将来自任务 1 的 CLOCK 信号分配给 3 个输出信号（L、R、F），同时接受来自“转向开关”和“闪烁开关”的控制，根据开关控制逻辑要求进行有序的信号分配。

3.3.2 电路逻辑、化简及信号选择

外部开关选择设计。

1. 转向开关

转向开关的功能定义：根据设计要求，在“闪烁开关”处于“停止”状态时，由转向开关来决定本机的“左转”和“右转”及“停止”工作状态。

选择理由：为了对应其功能，转向功能必须有“左转”和“右转”及“停止”3 个位置。

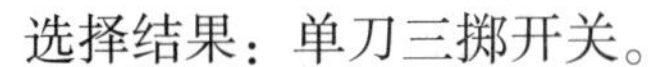

选择结果：单刀三掷开关。

2. 闪烁开关

闪烁开关的功能定义：根据设计要求，由闪烁开关来决定本机是否处于“闪烁”工作状态。

选择理由：闪烁开关需要两个状态，一个是强制“闪烁”状态，另一个是非闪烁状态。

选择结果：单刀双掷开关。

外部输入信号：来自任务 1 的 CLOCK 信号。

本电路任务需要输出 3 个信号 L、R、F 信号，这 3 个信号分别对应本机的 3 种功能状态，即左转显示、右转显示、闪烁显示。

根据 3.1 节信号化简结果，最终要实现的逻辑关系如表 3.9 所示。

表 3.9　开关位置、工作状态、所需信号及控制信号对应关系

<table>
<tr><th>转向开关位置</th><th>闪烁开关位置</th><th>本机工作状态</th><th>B</th><th>A</th><th>L(Left)</th><th>R(Right)</th><th>F(Flicker)</th></tr>
<tr><td>STOP</td><td>STOP</td><td>停止</td><td>High</td><td>High</td><td>×</td><td>×</td><td>×</td></tr>
<tr><td>L</td><td>STOP</td><td>左转显示</td><td>High</td><td>Low</td><td>= CLOCK</td><td>×</td><td>×</td></tr>
<tr><td>R</td><td>STOP</td><td>右转显示</td><td>Low</td><td>High</td><td>×</td><td>= CLOCK</td><td>×</td></tr>
<tr><td>STOP</td><td>FLICKER</td><td rowspan="3">闪烁显示</td><td rowspan="3">Low</td><td rowspan="3">Low</td><td rowspan="3">×</td><td rowspan="3">×</td><td rowspan="3">= CLOCK</td></tr>
<tr><td>L</td><td>FLICKER</td></tr>
<tr><td>R</td><td>FLICKER</td></tr>
</table>

注：表中的 × 表示无信号。

例如，表 3.9 中本机工作状态处于“左转显示”状态时，转向开关的位置处于“Left”，而闪烁开关处于“STOP”位置，此时需要的控制信号 B 为“High”，A 为“Low”，此时的输出只有 L(Left) 有时钟信号，其他两路信号均无信号输出。同理，根据表 3.9 可以分析其他状态下各相关开关、控制信号、输出信号的关系。

3.3.3　方框图设计

根据模块 2 的标准方框图，如图 3.18 所示。

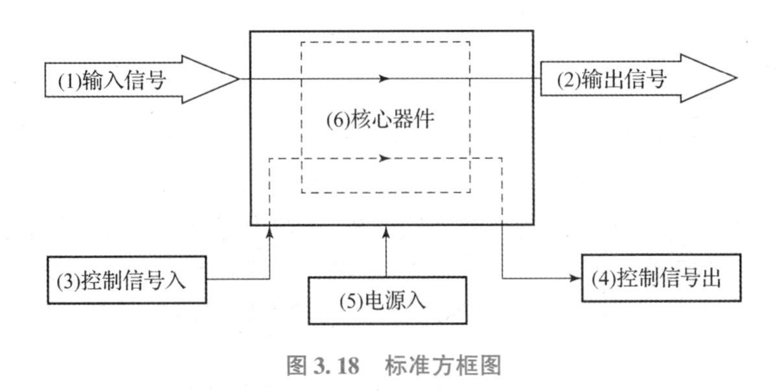

图 3.18　标准方框图

对照方框图设计的六要素，结合本任务的具体情况，因此得出任务 2 的方框图如图 3. 19 所示。

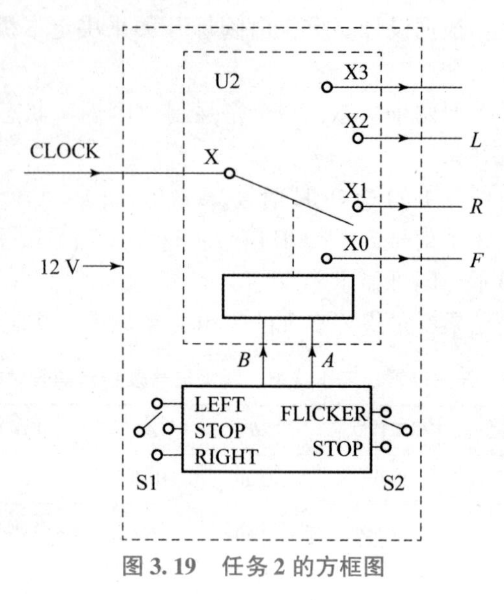

图 3. 19　任务 2 的方框图

（1）输入信号：来自任务 1 的 CLOCK 信号。

（2）输出信号：*L*、*R*、*F* 信号。

（3）输入控制信号：两个开关的控制信号（LL、RR、FF）。

（4）输出控制信号：无。

（5）电源：12 V。

（6）核心器件：HC4052（位号：U2）。

BOM：①使用自己制作的 Level3（闪烁模式控制及电子模拟开关）BOM。

②使用自己制作的 Level2 控制开关部分（S1、S2 及 4 根连接线）BOM。

3. 3. 4　电路原理图设计及原理分析

1. 电路原理图设计

根据信号要求，多路信号分配器为核心器件，选择 HC4052；结合要实现的逻辑分配关系，设计原理图如图 3. 20 和图 3. 21 所示。

2. 电路原理分析

1）逻辑转换部分

根据要实现的逻辑转换关系，如表 3. 9 所示。

首先分析转向开关与控制电平 *B*、*A* 的关系，如表 3. 10 所示。

由表 3. 10 可见，当本机处于停止状态时，*B*、*A* 均为高电平，可以认为高电平为无效电平。低电平为有效电平；同时，“左转显示”时，对应控制信号 *A* 为低电平，“右转显示”时，对应控制信号 *B* 为低电平。故可认为 *A* 为“左转显示”控制，*B* 为“右转显示”控制。

即 *A* 信号与转向开关的位置“L”相连，*B* 信号与转向开关的位置“R”相连。

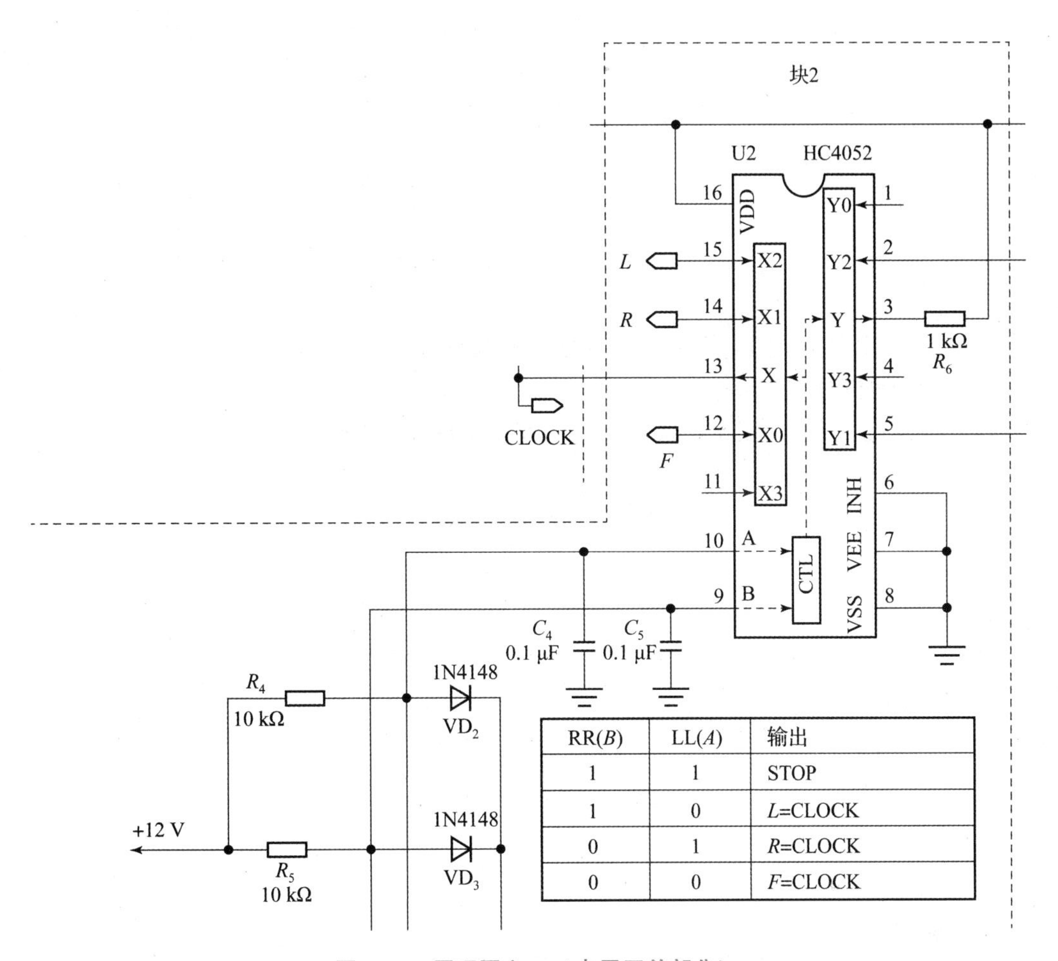

RR(B)	LL(A)	输出
1	1	STOP
1	0	L=CLOCK
0	1	R=CLOCK
0	0	F=CLOCK

图 3.20　原理图之一（电子开关部分）

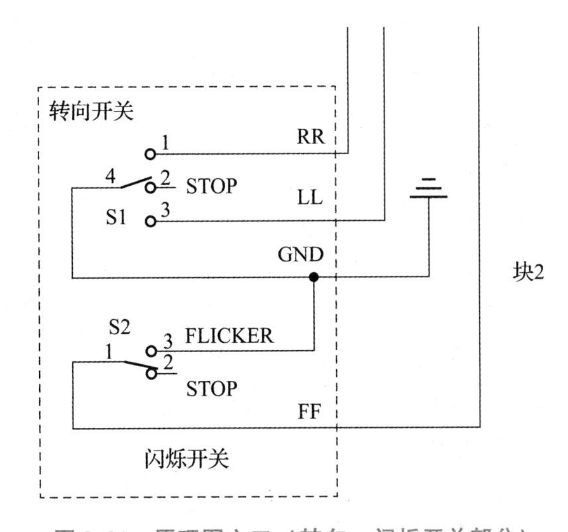

图 3.21　原理图之二（转向、闪烁开关部分）

表 3.10　工作状态、转向开关的位置及控制信号 *B*、*A* 的关系

本机工作状态	转向开关位置	*B*	*A*
停止	STOP	High	High
左转显示	L	High	Low
右转显示	R	Low	High

由于认定是低电平“Low”为有效电平，所以转向开关的公共端应连接到低电平或直接连接到地。

而要实现高电平为无效电平，必须在转向开关没有连通到“L”或“R”时，有一个直接连到电源的上挂电阻来实现。

综合以上信息，可用如图 3.22 所示的电路来实现表 3.10 的功能。

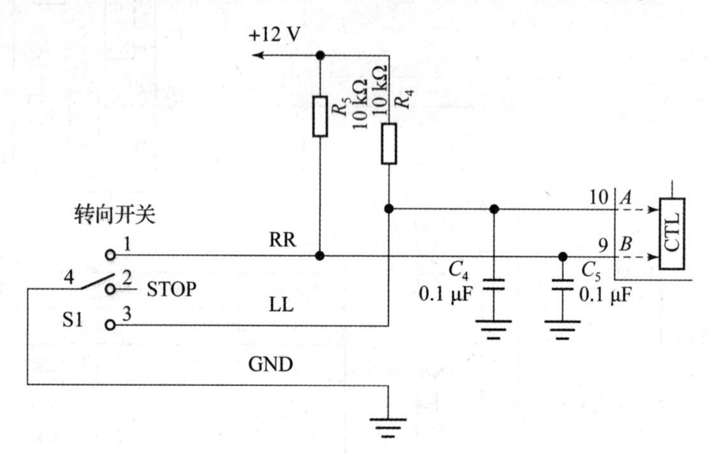

图 3.22　转向开关及控制信号 *B*、*A* 的连接电路

综合考虑闪烁开关，要实现表 3.11 的逻辑功能。

表 3.11　工作状态、转向开关和闪烁开关位置及控制信号 *B*、A 的关系

本机工作状态	转向开关位置	闪烁开关位置	*B*	*A*
停止	STOP	STOP	High	High
左转显示	L	STOP	High	Low
右转显示	R	STOP	Low	High
闪烁显示	X	FLICKER	Low	Low

由表 3.11 可见，当闪烁开关处于“STOP”位置时，不影响转向开关的位置决定本机工作状态的关系，但当闪烁开关置于“闪烁（FLICKER）”有效时，则不论转向开关置于何种位置，都要求能实现闪烁功能。

由表 3.11 可见，当闪烁开关处于“STOP”位置时，相当于此开关处于断开状态，与转向电路及控制信号 *B*、*A* 均无关。而当闪烁开关处于“闪烁”位置时，控制信号 *B*、*A* 都必须处于低电平。继续认为“Low”电平即为有效电平的逻辑，闪烁开关有效时（即要求闪烁），将

闪烁开关接地。闪烁开关无效时（即闪烁开关处于“STOP”位置），将闪烁开关开路。

由于当闪烁开关处于“闪烁”位置时，控制信号 B、A 都必须处于低电平，可用下拉电路来实现，如图 3.23 所示。

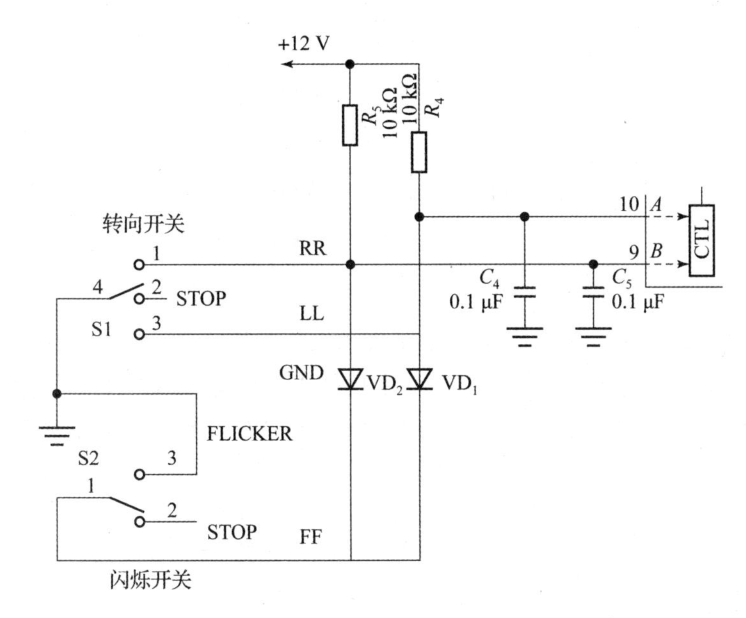

图 3.23　转向开关、闪烁开关及控制信号 B、A 的连接电路

请同学们自行验证图 3.23 所示电路能否实现表 3.11 所要求的逻辑功能。

2）信号分配部分

HC4052 是双 4 通道模拟信号分配器，其逻辑图如图 3.24 所示，其功能表如表 3.12 所示。

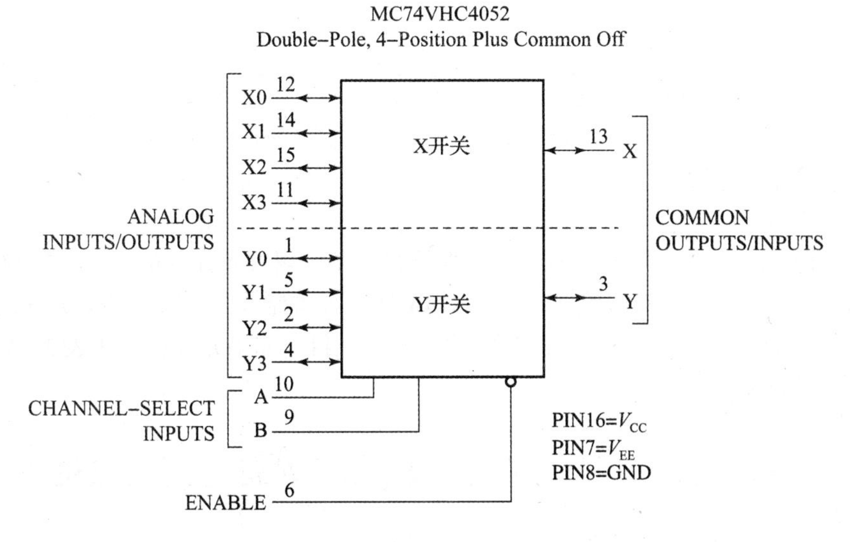

图 3.24　双 4 通道模拟信号分配器（双四选一电子模拟开关）逻辑功能图

表 3.12　双 4 通道模拟信号分配器功能表

控制端			处于"ON"的通道	
使能端	选择 *B*	选择 *A*		
LOW	LOW	LOW	X0	Y0
LOW	LOW	HIGH	X1	Y1
LOW	HIGH	LOW	X2	Y2
LOW	HIGH	HIGH	X3	Y3
HIGH	X	X	NONE	

注：表中 X 表示可以是 HIGH 也可以是 LOW。

这里选择使用 X 通道，13 脚作为信号（CLOCK）的输入端。

12 脚的 X0 = *F*；此脚有时钟信号，对应本机处于"闪烁显示"工作状态。

14 脚的 X1 = *R*；此脚有时钟信号，对应本机处于"右转显示"工作状态。

15 脚的 X2 = *L*；此脚有时钟信号，对应本机处于"左转显示"工作状态。

11 脚的 X3 端子不使用，即 X3 对应于本机"停止"状态。

根据表 3.13 所示的逻辑要求及表 3.12 所示的 IC 4052 功能分配表，信号分配电路的具体连接如图 3.25 所示。

表 3.13　工作状态、开关位置、控制信号、4052 的导通通道及输出信号的逻辑关系

转向开关位置	闪烁开关位置	本机工作状态	*B*	*A*	通道 ON	*L*(PIN15)	*R*(PIN14)	*F*(PIN12)
STOP	STOP	停止	High	High	X3	无	无	无
L	STOP	左转显示	High	Low	X2	= CLOCK	无	无
R	STOP	右转显示	Low	High	X1	无	= CLOCK	无
X	FLICKER	闪烁显示	Low	Low	X0	无	无	= CLOCK

注：表中转向开关位置列的 X 表示任何位置。

3.3.5　BOM 生成

电路原理图见图 3.20 和图 3.21，在电路原理图中编辑好各元件的参数，提取元件的参数生成 BOM（要按照"材料清单"模块中对 BOM 的要求制作好任务 2 的 BOM），格式如表 3.14 所示。请读者自行练习完成表 3.14 中的"？"栏目。如果元件种类比表 3.14 所示的行数多，请自行增加行数来完成 BOM。

3.3.6　在 PCB 上的安装位置以及 *L*、*R*、*F* 信号测试点位置

在 PCB 上的安装位置以及 *L*、*R*、*F* 信号测试点位置如图 3.26 所示，任务 1 和任务 2 在 PCB 上的安装位置如图 3.27 所示。

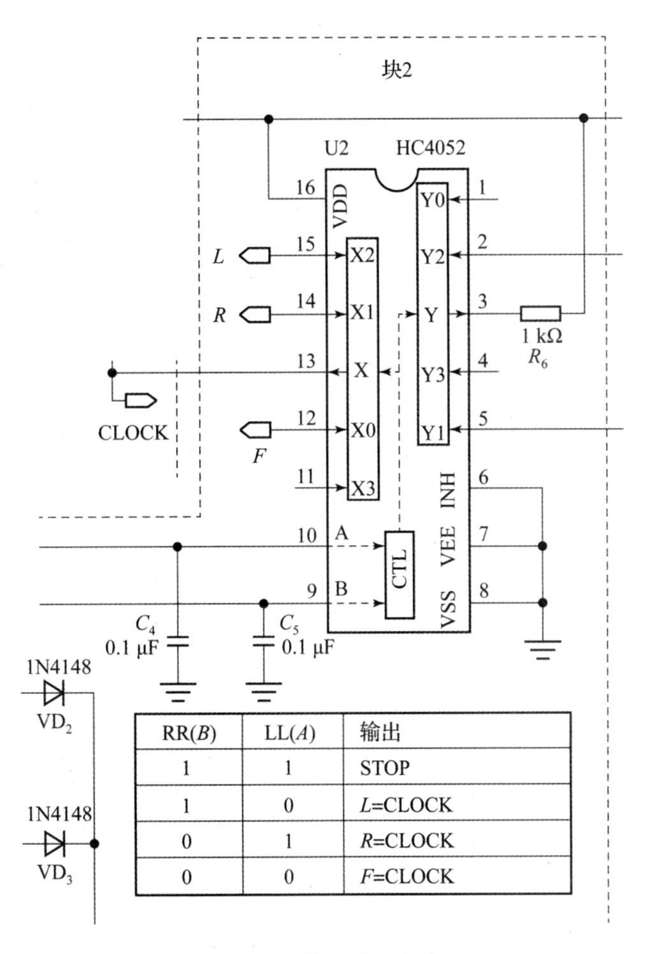

RR(*B*)	LL(*A*)	输出
1	1	STOP
1	0	*L*=CLOCK
0	1	*R*=CLOCK
0	0	*F*=CLOCK

图 3.25　信号分配电路

表 3.14　材料清单

Level	Part Number	Description	规格/型号	数量	位号
1	81. MODULE2	信号分配及控制电路任务		1	
2	?	IC 多路信号分配	HC4052 DIP16	1	U2
2	?	二极管	?	2	?
2	?	瓷片电容	?	2	?
2	?	碳膜电阻	?	?	?

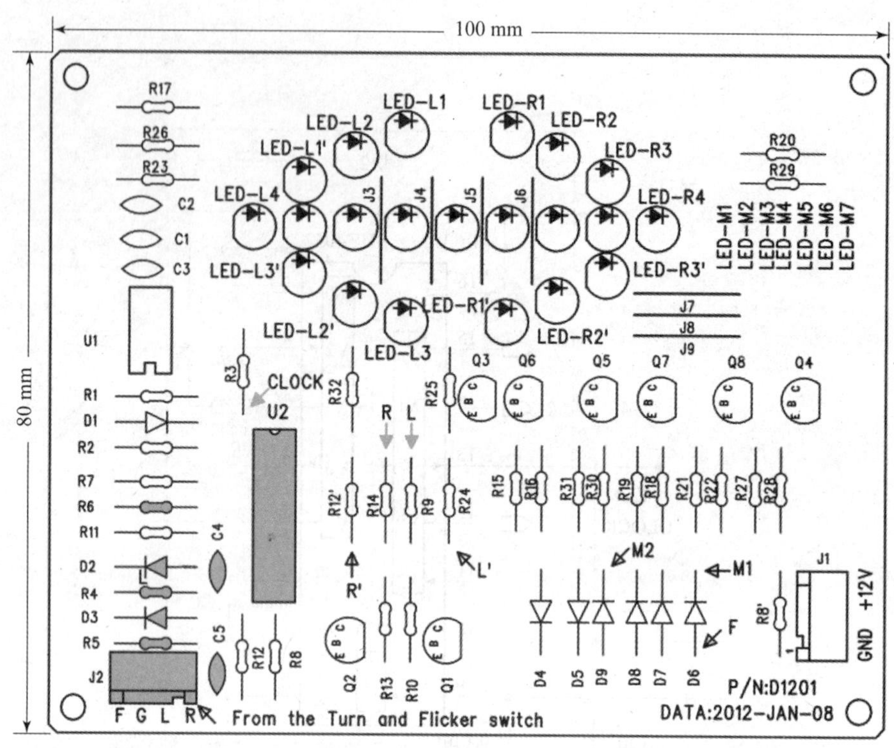

图 3.26　在 PCB 上的安装位置以及 *L*、*R*、*F* 信号测试点位置图

图 3.27　任务 1 及任务 2 在 PCB 上的安装位置图

3.3.7　电路测试

1. 使用仪器

数字存储示波器，万用表。

2. 测试内容

（1）按照任务2的电路原理图（图3.20和图3.21）连接好转向开关及闪烁开关的连线；将连接好的四芯线插头插入PCB上J2的插座。

（2）给PCB通电。插上12V电源插座（J1）。

（3）在任务1有正常CLOCK信号输出的情况下，继续下面的测试。

（4）改变开关S1、S2的位置，分别使用万用表及示波器测量并记录，填写表3.15中“?”处。

表3.15　工作状态、开关位置、控制信号、4052的导通通道及输出信号的测试结果

	转向开关S1位置	闪烁开关S2位置	工作状态	RR/V	LL/V	*L*/V	*R*/V	*F*/V
1	STOP	STOP	停止	?	?	?	?	?
2	L	STOP	左转显示	?	?	?	?	?
3	R	STOP	右转显示	?	?	?	?	?
4	STOP	FLICKER	闪烁显示	?	?	?	?	?
5	L	FLICKER		?	?	?	?	?
6	R	FLICKER		?	?	?	?	?

（5）检查能否进行正常的转向、闪烁控制和时钟信号分配。

（6）使用万用表测量此时的12 V电源的工作电流，符号为IMODULE1 + IMODULE2并记录数据。

3.3.8　思考与练习

（1）完成表3.16所示的信号分配电路的BOM。

表3.16　信号分配电路的BOM

Level	Part Number	Description	规格/型号	数量	位号
1	81. MODULE2	信号分配及控制电路任务		1	
2		IC多路信号分配	HC4052 DIP16	1	U2
2		二极管		2	
2		瓷片电容		2	
2		碳膜电阻			

（2）图 3.28 中 S1、S2 共有 6 种状态，分析 RR 和 LL 共有几种组合。

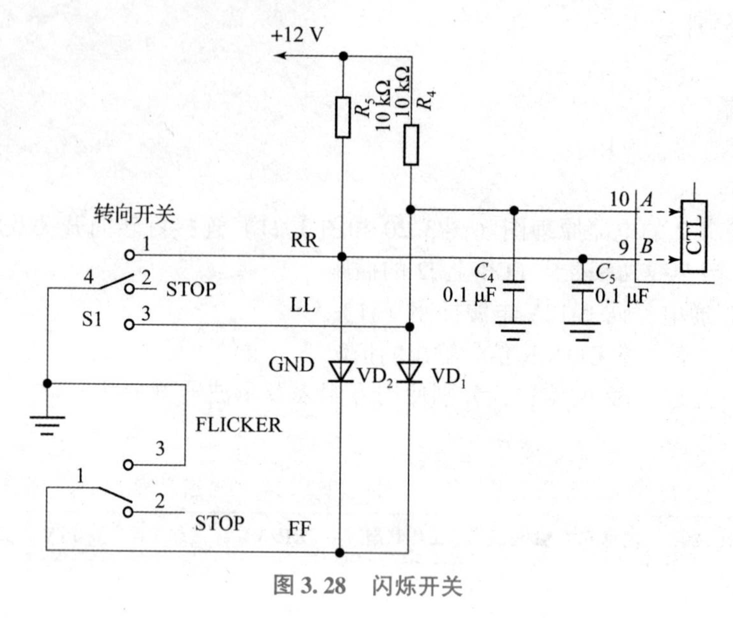

图 3.28　闪烁开关

①是通过哪些元件及电路进行转换的？

____

____。

②这个电路从逻辑电路的角度进行分析，是属于何种电路？

____

____

____。

3.4　任务 3：逻辑变换电路的设计与测试

3.4.1　设计任务确定

根据本书 3.1.2 小节逻辑表达式的化简结果，有

$$L_1 = L_1' = L_3 = L_3' \qquad = L$$

$$L_2 = L_2' = L_4 \qquad = \overline{L}$$

$$R_1 = R_1' = R_3 = R_3' \qquad = R$$

$$R_2 = R_2' = R_4 \qquad = \overline{R}$$

$$M_1 = M_3 = M_5 = M_7 \qquad = L + R + F$$

$$M_2 = M_4 = M_6 \qquad = \overline{L} + \overline{R} + F$$

需要的信号是 L、L'、R、R'、M_1、M_2。

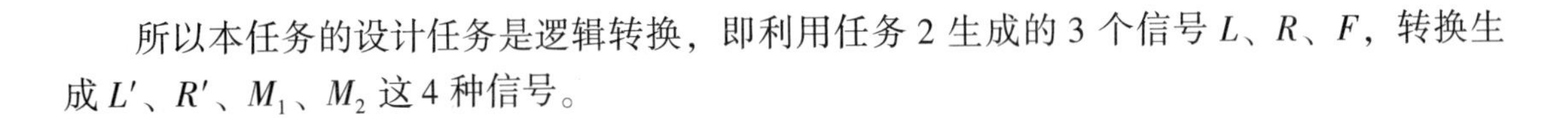

所以本任务的设计任务是逻辑转换，即利用任务2生成的3个信号 L、R、F，转换生成 L'、R'、M_1、M_2 这4种信号。

3.4.2　电路逻辑、化简及信号选择

根据3.1节的分析及要求，本任务有3个输入信号，6个输出信号（其中有两个输入信号直接输出，4个为新生成的新信号）。4个新信号与3个输入信号的逻辑关系为

$$L' = \overline{L}$$

$$R' = \overline{R}$$

$$M_1 = L + R + F$$

$$M_2 = L' + R' + F$$

3.4.3　方框图设计

根据方框图设计六要素图（图3.29），结合本任务的具体要求，有以下几点要素。

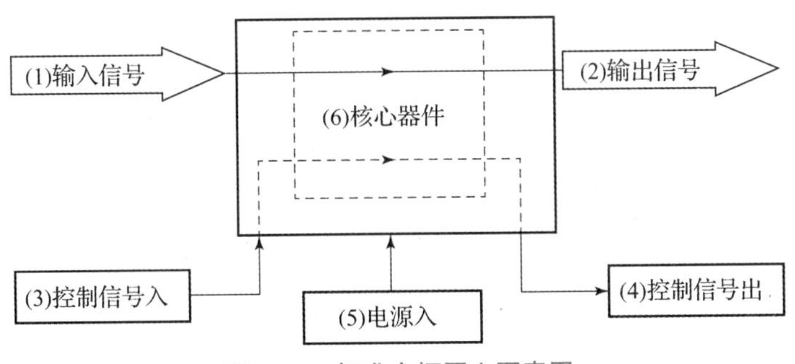

图3.29　标准方框图六要素图

（1）输入信号：L、R、F。

（2）输出信号：L、R、L'、R'、M_1、M_2。

（3）输入控制信号：无。

（4）输出控制信号：无。

（5）电源：12 V。

（6）核心器件：三极管（VT_1、VT_2）及二极管（VD_4、VD_5、VD_6、VD_7、VD_8、VD_9）。

3.4.4　电路原理图设计与原理分析

1. 原路理框图

根据图3.30所示的方框图，使用晶体管实现的逻辑电路如图3.31所示。

2. 原理分析

（1）利用三极管作倒相，实现逻辑非功能。

（2）利用二极管实现逻辑或功能。

（3）任务3的电路原理请参照“数字逻辑电路”的相关模块。

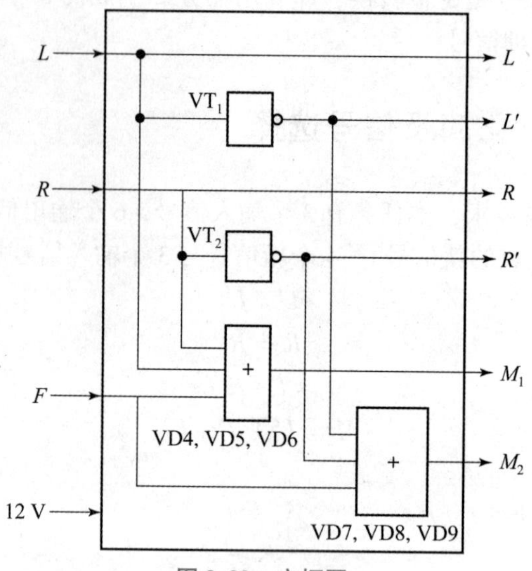

图 3.30　方框图

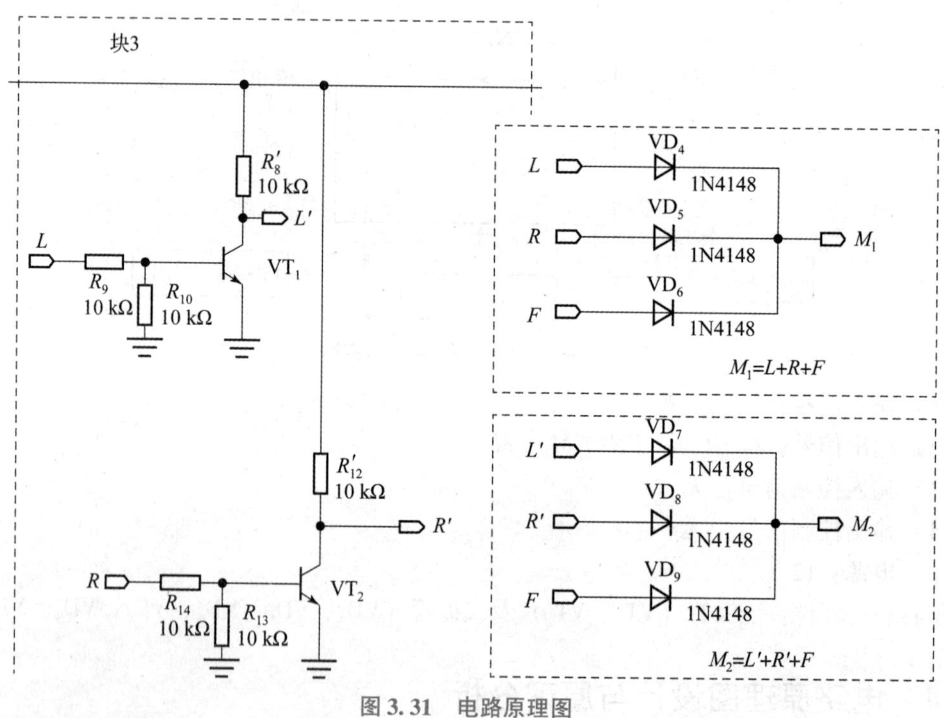

图 3.31　电路原理图

3.4.5　BOM 生成

在电路原理图（图 3.31）中编辑好各元件的参数，提取元件的参数生成 BOM（要按照“材料清单”模块中对 BOM 的要求制作好任务 3 的 BOM），格式如表 3.17 所示。

请同学们自行完成其中的“?”栏目内容。

表 3.17　材料清单

Level	Part Number	Description	规格/型号	数量	位号
1	81. MODULE3	信号分配及控制电路任务		1	
2	?	二极管	?	2	?
2	?	三极管	?	?	?
2	?	碳膜电阻	?	?	?

3.4.6　元件装配位置图及相关测试点位置图

在完成材料清单（见完成好的表 3.17）后，就可以进行元件装配了。它们的装配位置如图 3.32 所示（此图仅供参考）。

注意：请严格按图 3.31 所示的电路原理图进行装配。

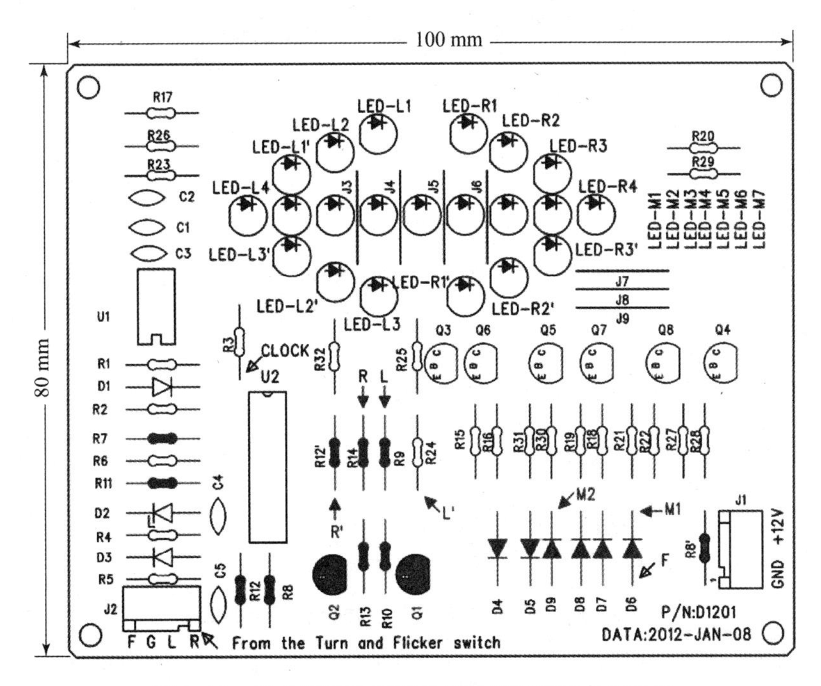

图 3.32　元件装配位置图及相关信号测试点位置图

装配注意事项如下。

（1）本任务二极管比较多，请注意其元件极性，切勿装反。

（2）本任务的信号测试点比较多，在测试点（元件的引脚处）安装元件时，请不要将元件装配过紧，以便以后测试更方便。

（3）本任务有很多器件与任务 2 中的 IC 引脚直接相连，在装配时应保证电烙铁及焊接人员的静电接地良好，以免损坏 U2 等。

任务 1、任务 2、任务 3 元件装配完成后的效果如图 3.33 所示。

图 3.33　任务 1、任务 1、任务 3 元件装配完成后的效果图（仅供参考）

3.4.7　电路测试

本任务在所有元件装配好并确认无误后，分别插上 J2，即可进行下列测试。

测试 1　逻辑非电路 $L \to L'$、$R \to R'$ 功能测试（静态电平测试）。

测试准备 1：将输入信号 CLOCK（R_3 连接 U1 的一端）从原电路中断开，连接到 12V 电源网络，即将输入长期处于高电平。

测试准备 2：设置开关位置，使本机工作状态处于“左转显示”。可根据表 3.18 设置开关位置。

测试准备 3：使用万用表直流电压挡。

测试准备 4：L、L'、R、R'、M_1、M_2 这 6 个测试点。

表 3.18　开关位置与本机工作状态逻辑关系表

<table>
<tr><th>转向开关位置</th><th>闪烁开关位置</th><th>本机工作状态</th><th>L(Left)</th><th>R(Right)</th><th>F(Flicker)</th></tr>
<tr><td>STOP</td><td>STOP</td><td>停止</td><td>×</td><td>×</td><td>×</td></tr>
<tr><td>L</td><td>STOP</td><td>左转显示</td><td>= CLOCK</td><td>×</td><td>×</td></tr>
<tr><td>R</td><td>STOP</td><td>右转显示</td><td>×</td><td>= CLOCK</td><td>×</td></tr>
<tr><td>STOP</td><td>FLICKER</td><td rowspan="3">闪烁显示</td><td rowspan="3">×</td><td rowspan="3">×</td><td rowspan="3">= CLOCK</td></tr>
<tr><td>L</td><td>FLICKER</td></tr>
<tr><td>R</td><td>FLICKER</td></tr>
</table>

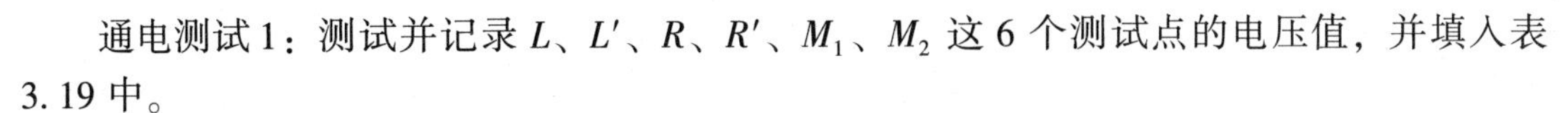

通电测试 1：测试并记录 L、L'、R、R'、M_1、M_2 这 6 个测试点的电压值，并填入表 3.19 中。

通电测试 2：改变转向开关及闪烁开关位置，使本机工作状态处于“右转显示”状态，再测试并记录 L、L'、R、R'、M_1、M_2 这 6 个测试点的电压值，并填入表 3.19 中。

通电测试 3：将输入信号 CLOCK（R_3 连接 U1 的一端）从原电路中断开，连接到“地”网络，即将输入长期处于低电平。重复“通电测试 1”和“通电测试 2”，分别记录得到的 L、L'、R、R'、M_1、M_2 这 6 个测试点的电压值，并填入表 3.19 中。

表 3.19 逻辑非电路 $L \to L'$、$R \to R'$ 功能测试（静态电平测试）实测数据表

CLOCK（R3）	工作状态	L/V	L'/V	R/V	R'/V	M_1/V	M_2/V
接 12 V	左转显示						
接 12 V	右转显示						
接“地”	左转显示						
接“地”	右转显示						

根据表 3.19 所示的实测测试结果，有以下两点须思考。

①请分析判断逻辑非电路 $L \to L'$、$R \to R'$ 的功能是否正常。

②M_1、M_2 能满足 $M_1 = L + R + F$、$M_2 = L' + R' + F$ 的逻辑关系吗？

特别提示：测试后，请将 R_3 电阻恢复到原电路状态，即连接到 U1 的第 3 脚。

测试 2 逻辑非电路 $L \to L'$、$R \to R'$ 功能测试（动态测试）。

测试准备 1：连接示波器 CH1、CH2 分别至 L、L'，CH3 连接到 CLOCK 测试点。

测试准备 2：根据表 3.18 所示正确设置开关位置，使本机工作状态是“左转显示”。

通电测试 1：测量 L、L' 的波形并记录下来，观察记录这两个波形的相位及高、低电平值，请填入表 3.20 中。

表 3.20 逻辑非电路 $L \to L'$、$R \to R'$ 功能测试（动态测试）实测波形记录表

<table>
<tr><th>工作状态</th><th colspan="3">CH3 = CLOCK CH1 = L CH2 = L′</th><th colspan="3">CH3 = CLOCK CH1 = R CH2 = R′</th></tr>
<tr><td rowspan="4">左转显示</td><td colspan="3">请贴入波形图</td><td colspan="3" rowspan="4"></td></tr>
<tr><td>CH3</td><td>High = ?</td><td>Low = ?</td></tr>
<tr><td>CH1</td><td>High = ?</td><td>Low = ?</td></tr>
<tr><td>CH2</td><td>High = ?</td><td>Low = ?</td></tr>
<tr><td rowspan="4">右转显示</td><td colspan="3" rowspan="4"></td><td colspan="3">请贴入波形图</td></tr>
<tr><td>CH3</td><td>High = ?</td><td>Low = ?</td></tr>
<tr><td>CH1</td><td>High = ?</td><td>Low = ?</td></tr>
<tr><td>CH2</td><td>High = ?</td><td>Low = ?</td></tr>
</table>

通电测试 2：将示波器的 CH1、CH2 改接至 R_1、R_2 测试点，根据表 3.18 所示正确设置开关位置，使本机工作状态是"右转显示"。观察其波形并记录下来，观察记录这两个波形的相位及高、低电平值。

实测的波形如图 3.34 所示，供参考。

在"左转显示"状态下，CH1 = CLOCK；CH2 = L'。

由图 3.34 中可知，其一：CLOCK 的高电平 V_H = 7.4 V；低电平 V_L = 0 V；L'的高电平 V_H = 4.9 V；低电平 V_L = 0 V。

由图 3.34 中可知，其二：CLOCK 信号与 L' 呈现反相关系，即 CLOCK 为高电平时，L'则为低电平；而当 CLOCK 为低电平时，L'则为高电平。

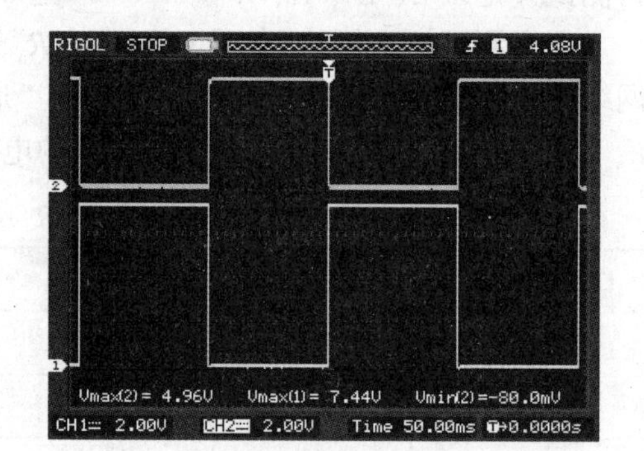

图 3.34　实测波形

测试 3　使用万用表测量此时 12 V 电源的工作电流，记着将这 3 块电流相加，即 $I_{MODULE1} + I_{MODULE2} + I_{MODULE3}$。

3.4.8　思考与练习

（1）简述逻辑变换电路工作原理：

____

____

____。

（2）完成逻辑变换电路的 BOM 表（表 3.21）。

表 3.21　逻辑变换电路的 BOM 表

Level	Part Number	Description	规格/型号	数量	位号
1	81. MODULE3	信号分配及控制电路任务		1	
2		二极管			
2		三极管			
2		碳膜电阻			

（3）任务 3 电路测试。

①静态测试。逻辑非电路 $L \to L'$、$R \to R'$ 功能测试，将测试结果填入下面的开关位置与本机工作状态逻辑关系表 3.22。

表 3.22　工作状态逻辑关系表

转向开关位置	闪烁开关位置	本机工作状态	L(Left)	R(Right)	F(Flicker)
STOP	STOP				
L	STOP				

续表

转向开关位置	闪烁开关位置	本机工作状态	L(Left)	R(Right)	F(Flicker)
R	STOP				
STOP	FLICKER				
L	FLICKER				
R	FLICKER				

②通电测试：测试并记录 L、L'、R、R'、M_1、M_2 这 6 个测试点的电压值填入表 3.23。

表 3.23　测试记录表

CLOCK(R3)	工作状态	L/V	L'/V	R/V	R'/V	M_1/V	M_2/V
接 12 V	左转显示						
接 12 V	右转显示						
接“地”	左转显示						
接“地”	右转显示						

根据表 3.23 所示的实测测试结果，回答以下问题。

①请分析判断逻辑非电路 $L \to L'$、$R \to R'$ 的功能是否正常。

____

____。

②M_1、M_2 能满足 $M_1 = L + R + F$、$M_2 = L' + R' + F$ 的逻辑关系吗？

____

____。

③动态测试：逻辑非电路 $L \to L'$、$R \to R'$ 功能测试。

连接示波器 CH1、CH2 分别至 L、L'，CH3 连接到 CLOCK 测试点，记录测试结果于表 3.24 中。

表 3.24　数据记录表

<table>
<tr><th>工作状态</th><th colspan="3">CH3 = CLOCK　CH1 = L　CH2 = L'</th><th>CH3 = CLOCK　CH1 = R　CH2 = R'</th></tr>
<tr><td rowspan="4">左转显示</td><td colspan="3">波形图</td><td rowspan="4"></td></tr>
<tr><td>CH3</td><td>High = ?</td><td>Low = ?</td></tr>
<tr><td>CH1</td><td>High = ?</td><td>Low = ?</td></tr>
<tr><td>CH2</td><td>High = ?</td><td>Low = ?</td></tr>
</table>

续表

<table>
<tr><td>工作状态</td><td>CH3 = CLOCK　CH1 = L　CH2 = L'</td><td colspan="3">CH3 = CLOCK　CH1 = R　CH2 = R'</td></tr>
<tr><td rowspan="4">右转显示</td><td rowspan="4"></td><td colspan="3">波形图</td></tr>
<tr><td>CH3</td><td>High = ?</td><td>Low = ?</td></tr>
<tr><td>CH1</td><td>High = ?</td><td>Low = ?</td></tr>
<tr><td>CH2</td><td>High = ?</td><td>Low = ?</td></tr>
</table>

学会测量从细节抓起！

很多同学都觉得测量不就是用电压表、电流表去读一个数，用示波器去看一个波形嘛，没有什么大不了的。

测量和测试确实没有什么大不了的，3 岁的小孩也会用电压表测量，而且测量得有模有样，请看右图的照片。然而存在以下几点不同。

（1）测量和测试关键要看会不会减小测量误差，必须读出正确的数据和波形。

（2）测量和测试关键要看会不会对测量后的数据进行分析。

（3）测量和测试关键要看数据分析的结果能否符合电路的要求。

（4）测量和测试关键要看测量后能不能发现电路中存在的问题，并能解决问题。

3.5　任务 4：LED 显示及驱动电路的设计与测试

3.5.1　设计任务确定

设计任务是使用任务 3 的 6 种输出信号来驱动 LED 阵列。

3.5.2　电路逻辑、化简及信号选择

输入信号是 L、R、L'、R'、M_1、M_2。输出信号就是 21 只 LED。

3.5.3　方框图设计

根据方框图设计的六要素图，结合本任务的具体功能，其六要素分别如下。

（1）输入信号：为 L、R、L'、R'、M_1、M_2。
（2）输出信号：21 只 LED（共 6 组）。
（3）输入控制信号：无。
（4）输出控制信号：无。
（5）使用电源：12 V。
（6）核心器件：晶体管（NPN）(位号为 Q3、Q4、Q5、Q6、Q7、Q8）。

3.5.4　原理图设计及电路原理分析

1. 原理图设计

利用 NPN 三极管的导通和截止两种状态来控制驱动 LED 的发光；同时利用有多个 LED 同时发光（如 LED $L_1\&L_1'\&L_3\&L_3'$）的特点，可以让一个 NPN 三极管驱动 3 个、4 个 LED。如图 3.35 所示。

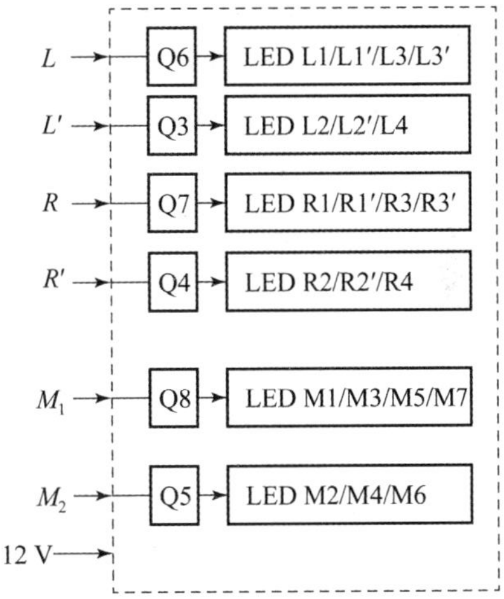

图 3.35　本任务方框图

1）驱动方案选择

（1）一个三极管驱动多个 LED（并联）。

优点：需要的电源电压低；一只 LED 损坏，其他的 LED 仍然会亮。

缺点：驱动电流大，元件较多（每个 LED 都需要一个限流电阻）。

（2）一个三极管驱动多个 LED（串联）。

优点：驱动电流小；元件较少（每路 LED 只需要一个限流电阻）。

缺点：需要的电源电压高，一只 LED 损坏，所有的 LED 全部不亮。

本书制作的“电动车尾灯闪烁器”所使用的电源电压为 12 V，较高。

2）并联方案的能耗考虑

假定每只 LED 正常发光时，需要的工作电流是 5 mA，如果全部使用并联接法，则 21 只 LED 同时点亮时，需要的电流为 5 mA × 21 = 105 mA，从 12V 电源中消耗的电功率为

$$P_{并} = IU = 105\ \text{mA} \times 12\ \text{V} = 1\ 260\ \text{mW} = 1.26\ \text{W}$$

并联方案的材料方面考虑：并联驱动，需要 21 只限流电阻。

3）串联方案的能耗考虑

假定每只 LED 正常发光时，需要的工作电流是 5 mA，使用串联型的接法，则 21 只 LED 分 6 组同时点亮时，需要的电流为 5 mA × 6 = 30 mA，从 12 V 电源中消耗的电功率为

$$P_{串} = IU = 30\ \text{mA} \times 12\ \text{V} = 360\ \text{mW} = 0.36\ \text{W}$$

串联方案的材料方面考虑：串联驱动 21 只 LED，分 6 组，只需 6 只限流电阻。

4）串联驱动方案与并联驱动方案相比的优点

（1）节能。

串联型驱动与并联型驱动相比，每块板节省电功率为

$$P_{并} - P_{串} = 1\ 260\ \text{mW} - 360\ \text{mW} = 960\ \text{mW}$$

（2）节省材料成本。

串联型驱动与并联型驱动相比，每块板节省电阻 15 只，电阻按单价 0.05 元/只，则节省材料成本为

$$15(只)\times 0.05(元/只)=0.75(元)$$

即每块板节省材料成本 0.75 元。

（3）节省生产成本。

串联型驱动与并联型驱动相比，生产成本可减少。假设电阻类元件的生产成本是 0.02 元/只，则节省成本为

$$15(只)\times 0.02(元/只)=0.3(元)$$

即每块板节省材料成本 0.3 元。

共计节省成本为 1.05 元/块。

所以，本书选择既节能又省钱的串联型驱动 LED 阵列形式的电路设计。

具体实现的电路原理图如图 3.36 所示。

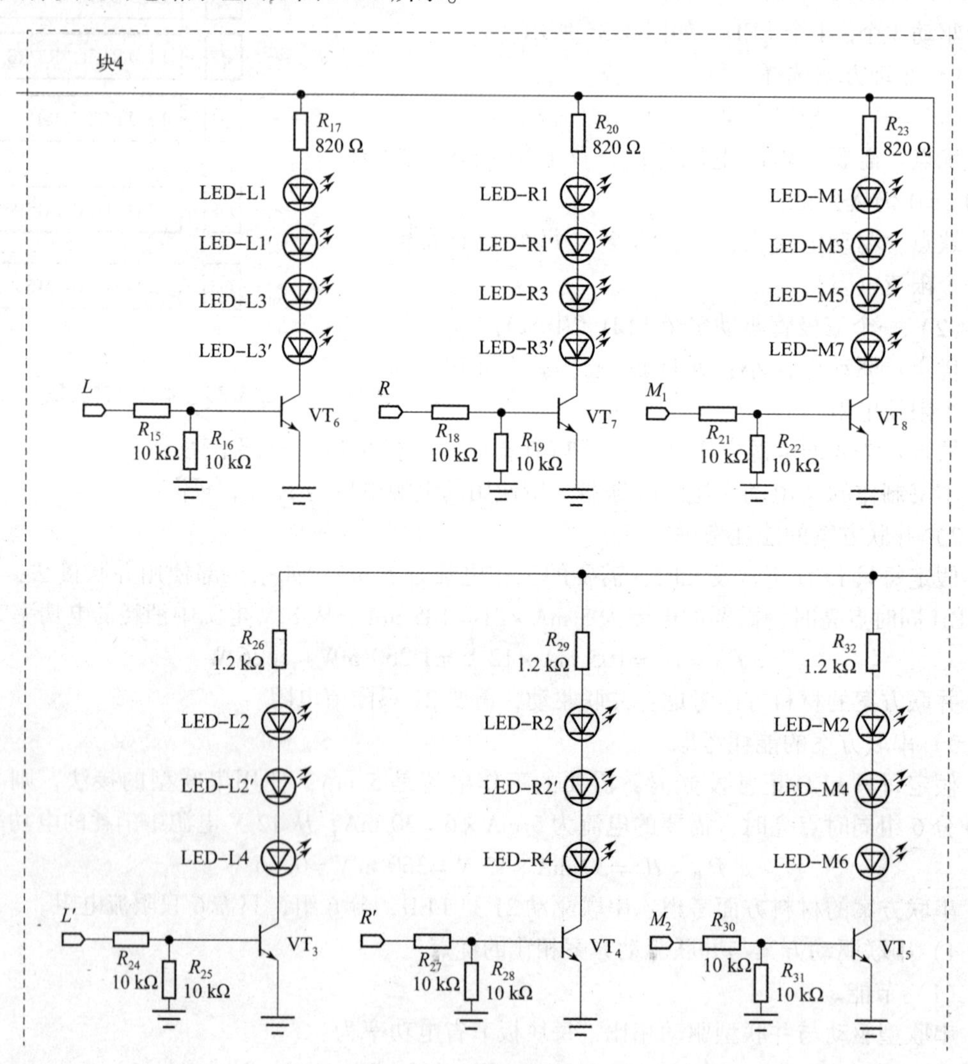

图 3.36 电路原理图

2. 原理分析

当 NPN 三极管的基极电压大于 0.6 V 时，三极管饱和导通，此时 $V_{CE} \leqslant 0.3$ V，12 V 电源经过限流电阻，加到第一个 LED 的正极、负极，依次到第二个 LED、第三个 LED 等，到三极管的 C 极、到 E 极、到电源的负极，LED 发光；反之，加到三极管的基极电压小于 0.4 V 时，三极管截止，此时 LED 没有电流流过，不发光。

（1）三极管的饱和与截止（以 VT_6 驱动 LED L_1、L_1'、L_3、L_3'为例）。

L 为高电平（V_H）时，经 R_{15} 加到 VT_6 的 B 极，$V_{BE} \geqslant 0.6$ V，VT_6 饱和导通，LED 发光。

L 为低电平（V_L）时，经 R_{15} 加到 VT_6 的 B 极，$V_{BE} \leqslant 0.3$ V，VT_6 截止，LED 不发光。

三极管的饱和条件是：$I_B \geqslant I_C/\beta$；$V_{BE} \geqslant 0.6$。三极管饱和后的现象是：$V_{CE} \leqslant 0.3$ V。

计算方法：$I_B = \dfrac{V_H - V_{BE}}{R_{15} - \dfrac{V_{BE}}{R_{16}}}$

$$I_C = \frac{V_{CC} - V_{CE} - V_D \times 4}{R_{17}} \quad（V_D \text{ 为 LED 的正向导通压降}）$$

三极管的截止条件是：$I_B < I_C/\beta$；$V_{BE} \leqslant 0.3$ V。

计算方法：$I_B = (V_L - V_{BE})/R_{15} - V_{BE}/R_{16} \approx V_L/R_{15}$，因为此时 V_{BE}很小，约等于 0。

$$V_{BE} \approx \frac{V_L \times R_{16}}{R_{15} + R_{16}}$$

如果因为 V_L 实际电平比较高而导致 V_{BE}不能小于 0.3 V，此时三极管不能可靠截止，应调小 R_{16}的值来确保可靠截止，但必须同时兼顾它的饱和条件不被破坏。

（2）限流电阻的设计（LED 工作电流的选择设计）。

在进行限流电阻设计前，必须了解 LED 的工作特性。

1）LED 的极限工作条件

在任何情况下，都不要超过极限工作条件，否则器件会出现异常或永久损坏。这里选用的 LED 其极限工作条件（或称为极限额定工作条件）如表 3.25 所示。

表 3.25　LED 的极限额定工作条件

Absolute Maximum Rating at = Ta = 25 [在 25 ℃环境下最大额定值]		
描述	**数值**	**单位**
最大功率	120	mW
正向峰值电流（占空比 1/10，0.1 ms 脉宽）	120	mA
正向电流	25	mA
工作温度	-30 ~ +85	℃
储存温度	-40 ~ +100	℃
焊接温度（3 mm From Body）	到 260 ℃为 3	s

2）LED 的典型工作特性

一般情况下，器件的典型工作特性都会给出该器件的主要指标参数。例如，LED，则会给出工作电压、发光波长、发光亮度以及发光角度等主要参数指标，如表 3.26 所示。

表 3.26 LED 的典型工作特性

［在 25 ℃环境下电性/光学特性］

描述	符号	条件	最小值	典型值	最大值	单位
正向电压	V_F	$I_F=20$ mA	2.8	3.2	4.0	V
反向电流	I_R	$V_R=5$ V	—	—	10	μA
主波长	AD	$I_F=20$ mA	—	0.28	—	μm
			—	0.31	—	
发光亮度	I_v	$I_F=20$ mA	—	9 000	—	mcd
发光角度	281/2H－H	$I_F=20$ mA		15	—	°
		$I_F=20$ mA	—	—	—	°

由表 3.26 可知，该 LED 典型的正向电压（或正向压降）为 3.2 V 时 $I_F=20$ mA。如图 3.37 中的黑色粗曲线交于纵坐标是 20 mA，则对应的横坐标是 3.2 V。依此曲线推测，如果纵坐标的工作电流为 10 mA 时，则对应的横坐标（正向压降）为 3.0 V。

图 3.38 显示的是 LED 相对发光亮度与正向电流的关系，从图中可以看出，发光亮度与正向工作电流呈现非线性关系。比如：$I_F=40$ mA，相对发光强度是 2.0，但当增加 1 倍时（即 $I_F=80$ mA），相对的发光强度没有增加 1 倍，仅为 3.5。即说明工作电流增加可以增加亮度，但是不能线性增加。

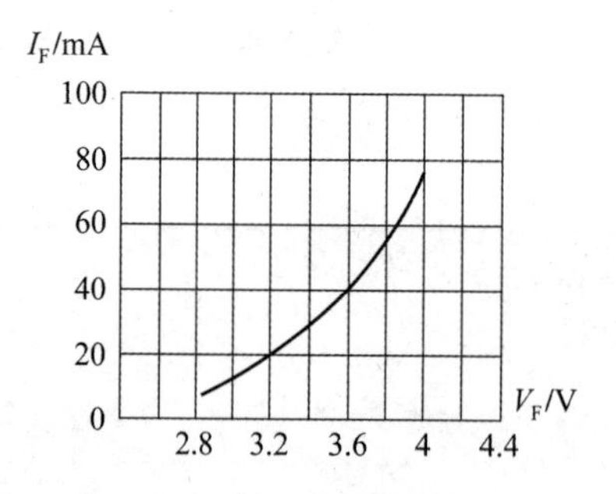

图 3.37 LED 的正向电压与正向电流的关系曲线

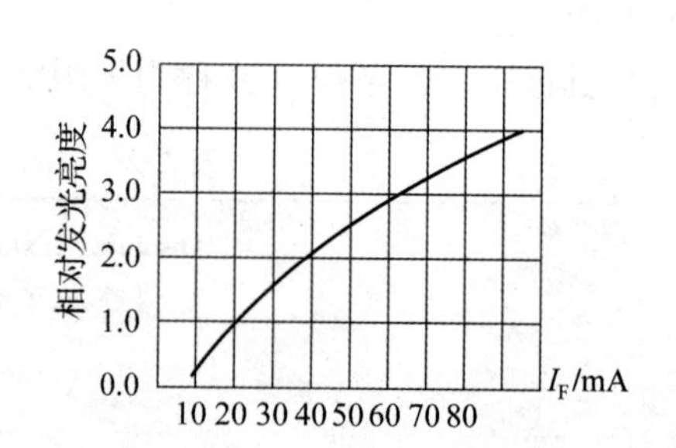

图 3.38 LED 的相对发光亮度与正向电流的关系曲线

总结：根据 LED 的特性，结合“电动车尾灯闪烁器”的电源工作电压。选择正向工作电流 $I_F=5$ mA，则其正向工作电压 $V_F=2.0\sim2.5$ V（根据图 3.38 所示推测）。假定 $V_F=2.0$ V，针对图 3.36 中的 L 组、R 组、M_1 组（4 个 LED 串联）电路，有

$$I_F=\frac{V_{CC}-4V_F-V_{CEO}}{R_{17}} \tag{3.12}$$

式中，V_{CC}为电源电压，即 $V_{CC}=12$ V；V_{CEO}为三极管的饱和压降，$V_{CEO}\approx0$ V；V_F 为 LED 的

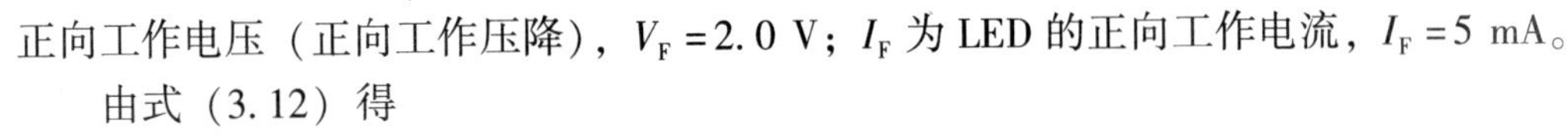

正向工作电压（正向工作压降），$V_F = 2.0$ V；I_F 为 LED 的正向工作电流，$I_F = 5$ mA。

由式（3.12）得

$$R_{17} = \frac{V_{CC} - 4V_F - V_{CEO}}{I_F} = (12 - 4 \times 2)/0.005 = 800(\Omega)$$

结合工程实际，取 $R_{17} = 820\ \Omega$。

同理得出，图 3.36 中的 L'组、R'组、M_2 组（3 个 LED 串联）电路中的限流电阻 R_{26} 的值约为 1.2 kΩ（有兴趣的同学可以自行演算）。

由于不同 LED 生产厂家及 LED 产品型号不同，上述所用的图表中的参数会有所不同，所以在初步设计完成后需要测量每组 LED 的工作电流，如果得出的实际工作电流与理论值相比偏大或偏小，可将限流电阻改小或改大，以达到理想的设计要求。

3.5.5　BOM 生成

在电路原理图中编辑好各元件的参数，提取元件的参数生成 BOM（要按照“材料清单”模块中对 BOM 的要求制作好本任务的 BOM），格式如表 3.27 所示，请同学们完成其中的“?”项目。

表 3.27　任务 4 的材料清单

Level	Part Number	Description	规格/型号	数量	位号
1	81. MODULE4	LED 显示驱动电路任务		1	
2	?	NPN 三极管	?	?	
2	?	碳膜电阻	?	?	?

3.5.6　元件装配及测试位置

本任务是要求装配元件最多的一个任务，请依照完成好的 BOM（表 3.27）来完成元件装配，其装配位置图如图 3.39 所示。

装配注意事项如下。

（1）本任务中 LED 比较多，请注意其元件极性，切勿装反；同时要注意它们的高度，要保证一致，且要避免东倒西歪，确保安装后外形美观。

（2）本任务中的三极管数量比较多，注意极性、高度和垂直板面，确保功能正确、外形美观。

（3）本任务有很多器件与前面安装任务中的 IC 引脚间接相连，在装配时，请保证电烙铁及焊接人员的静电接地良好，以免损坏 U1 及 U2 芯片。

本任务的元件安装完成后的效果如图 3.40 所示。

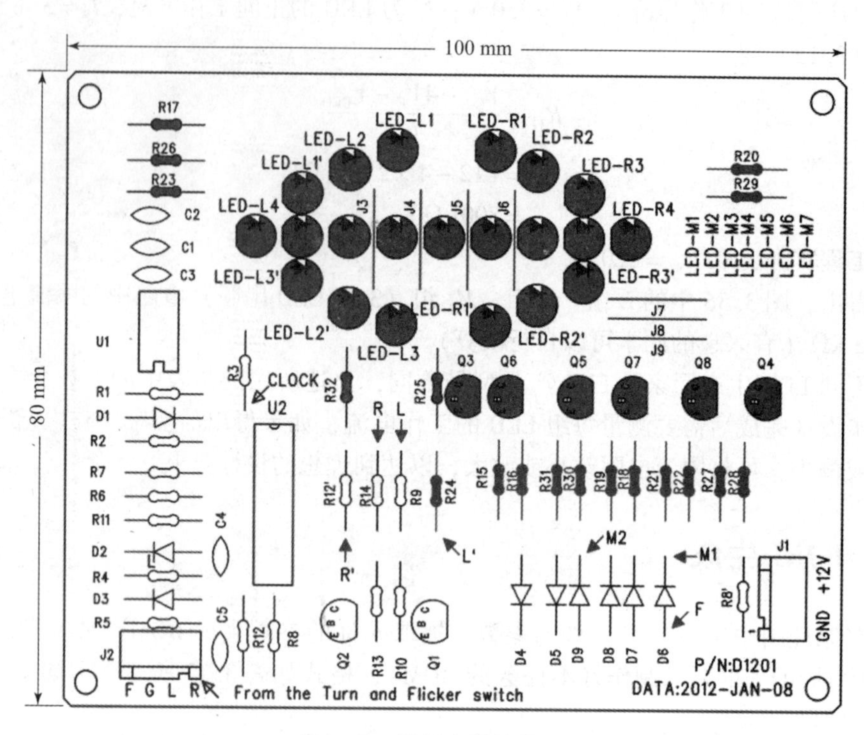

图 3.39 元件安装位置图

图 3.40 本任务的元件安装完成后的效果图（仅供参考）

3.5.7　电路测试

本任务的信号 L、L'、R、R'、M_1、M_2 量测点及 VT_3（Q_3）、VT_4（Q_4）、VT_5（Q_5）、VT_6（Q_6）、VT_7（Q_6）、VT_8（Q_8）的 C 极位置可参照图 3.39。

1. 测试前的准备

参照表 3.18，正确设置转向开关及闪烁开关的位置，使工作状态处于“停止状态”。

2. 测试工具

包括万用表、示波器。

3. 测试内容

（1）测试晶体管（VT_3，VT_4，VT_5）的饱和压降 U_{CE} 及 I_C。要求：使 LED 的电流控制在 5 mA ±1 mA 的范围内，如果不在此范围内，请调整 R_{26}、R_{29}、R_{32}。

（2）测试晶体管（VT_3，VT_4，VT_5）的基极电压 U_{BE} 及 I_B。

（3）测量 LED－L2、LED－R2、LED－M2 的正向导通压降，并记录。

（4）测试晶体管（VT_6，VT_7，VT_8）的 C 极电压 U_{CE}。

（5）测试晶体管（VT_6，VT_7，VT_8）的基极电压 U_{BE}。

（6）使用万用表测量此时的 12 V 电源的工作电流，记着将各块电流加和，即 $I_{MODULE1}+I_{MODULE2}+I_{MODULE3}+I_{MODULE4}$。

LED 工作电流（实际上电流在流过电阻上产生的电压降）实测结果分析实例，如图 3.41 所示。

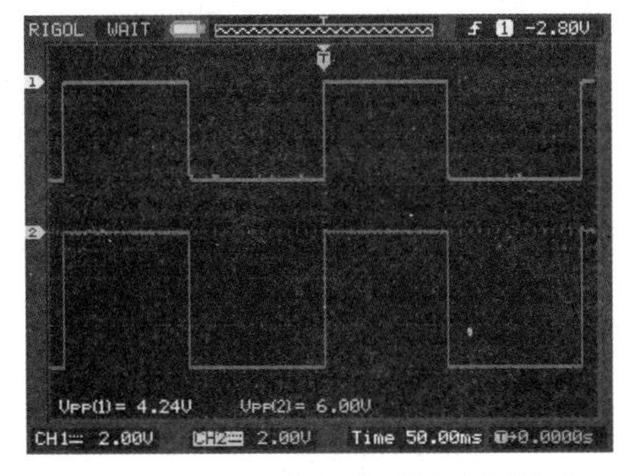

图 3.41　R_{17} 压降和 R_{26} 压降实测波形

测试点：CH1＝R_{17}压降；CH2＝R_{26}压降。

测试工作状态：“左转显示”工作状态。

波形解读及分析：为便于分析，首先要熟悉本任务的电路原理图（图 3.42）。

①R_{17}压降对应 LED－L1、LED－L1′、LED－L3、LED－L3′这 4 个 LED 点亮与否的状态，0 V 压降时，说明这 4 个 LED 不亮，而压降不等于 0 V 时，说明这 4 个 LED 为点亮，此时的 R_{17}压降由 LED 的工作电流流过电阻 R_{17}而形成。此 LED 的工作电流也是 VT_6 晶体管饱和导通时的集电极电流。

即 $I_1 = U_{R_{17}}/R_{17}$

$=4.24$（V）/820（Ω）[由实测波形中 $V_{PP}(1)=4.24$ V，于原理图中可知 $R_{17}=820$ Ω]

$=0.0052$（A）

$=5.2$（mA）

由此可见，LED－L1、LED－L1′、LED－L3、LED－L3′这 4 个串联的 LED 其实测工作电流值符合当初设计要求。

②R_{26}压降对应 LED－L2、LED－L2′、LED－L4 这 3 个 LED 点亮与否的状态，0 V 压降时，说明这 3 个 LED 不亮，而压降不等于 0 V 时，说明这 3 个 LED 为点亮，此时的 R_{26}压降由 LED 的工作电流流过电阻 R_{26}而形成。此 LED 的工作电流也是 VT_3 晶体管饱和导通时的集电极电流。

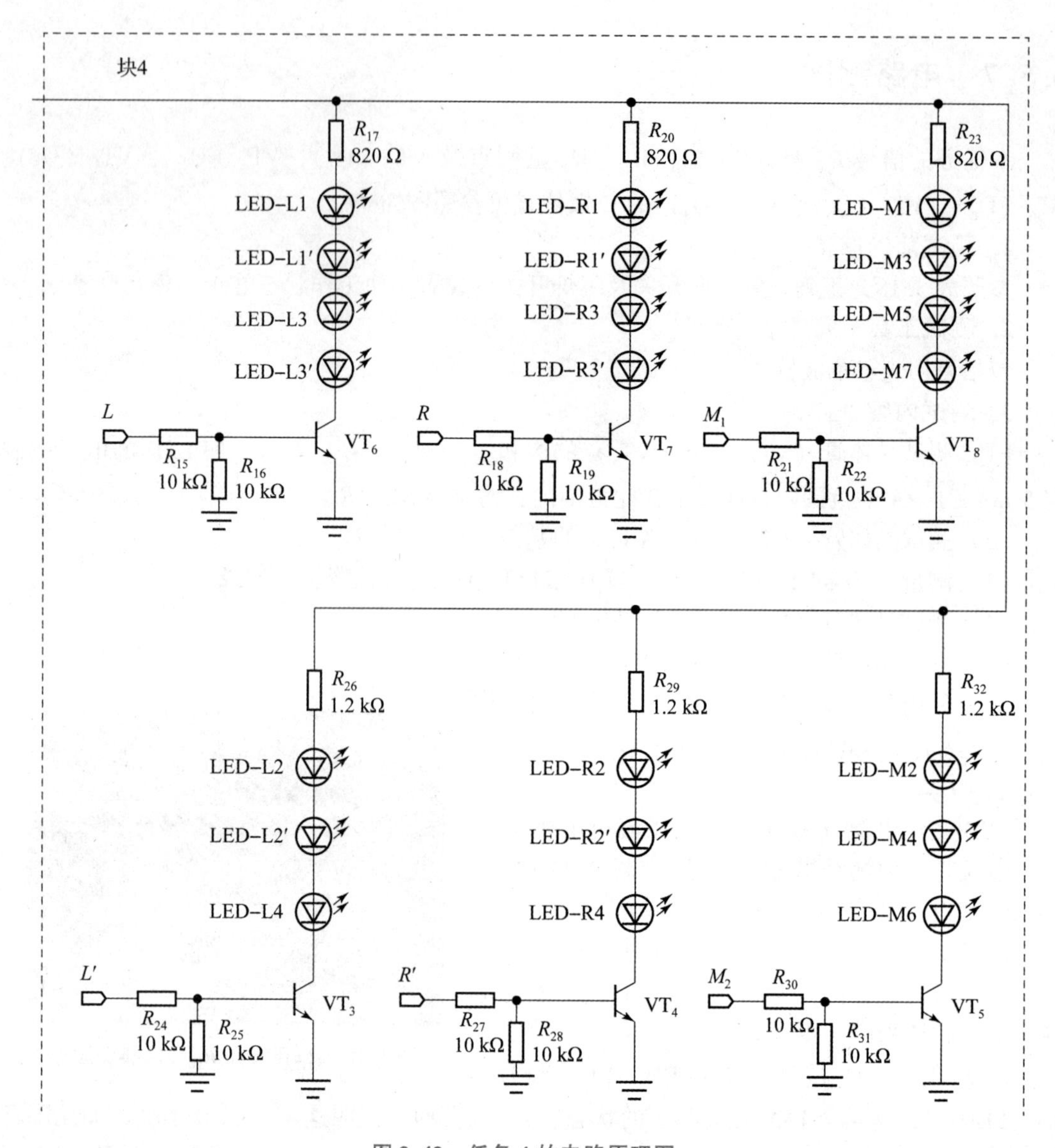

图 3.42　任务 4 的电路原理图

即 $I_1 = U_{R_{26}}/R_{26}$

$=6$（V）/1 200（Ω）［由实测波形中 $V_{PP}(2)=6.0$ V，于原理图中可知 $R_{17}=1.2$ kΩ］

$=0.005$（A）

$=5.0$（mA）

由此可见，LED－L2、LED－L2′、LED－L4 这 3 个串联 LED 其实测工作电流值符合当初设计要求。

3.5.8　思考与练习

（1）哪些晶体管处于饱和状态？其在饱和状态下基极电流与集电极电流满足什么关系？

集电极电流是否就是 LED 的工作电流？

____。

（2）思考 LED 工作电流与正向电压的关系。

____。

（3）分别画出单个 LED 高电平驱动、低电平驱动电路，说明这两种电路参数的选择。

____。

（4）分析多个 LED 的并联型驱动与串联型驱动电路有什么不同特点。

____。

（5）简要说明本任务 LED 显示及驱动电路的工作原理，分析哪些晶体管处于截止状态。此时的 U_{BE}、U_{CE}是什么关系？通过电路，分析判断 VT_6、VT_7、VT_8 饱和导通时其集电极电流。

____。

（6）填写本任务 LED 显示及驱动电路的材料清单（表 3.28）。

表 3.28　本任务 LED 显示及驱动电路的材料清单

Level	Part Number	Description	规格/型号	数量	位号
1	81. MODULE4	LED 显示驱动电路任务		1	
2		NPN 三极管			
2		碳膜电阻			

（7）正确设置转向开关及闪烁开关的位置，使工作状态处于“停止状态”，测试晶体管（VT_3，VT_4，VT_5）的饱和压降（即 U_{CE}）及 I_C，将结果记入表 3.29 和表 3.30 中；要求

使 LED 的电流控制在 5 mA ±1 mA 的范围内，如果不在此范围内，请调整 R_{26}、R_{29}、R_{32}。

表 3. 29　数据记录表 1

晶体管	基极电压 U_{BE}	集电极电流 I_C	晶体管	基极电压 U_{BE}	集电极电压 U_{CE}
VT_3			VT_6		1
VT_4			VT_7		
VT_5			VT_8		

表 3. 30　数据记录表 2

	LED－L2	LED－R2	LED－M2
LED 正向导通压降			

（8）在“左转显示”工作状态下，测试 CH1 = R_{17}压降和 CH2 = R_{26}压降；记录工作波形，并进行解析。

模块 4

产品性能评估、 测试与电路设计修改

4.1　电子产品整机测试及性能评估

4.1.1　评估测试内容

电子产品整机装配完成后，需要全面、完整地测试产品，可从以下几方面进行。

（1）电气性能指标测试。

（2）力学性能指标测试。

（3）外观要求评估。

（4）电气性能主观评价。

（5）电子产品整机安全性能指标测试。

（6）电子产品整机可靠性性能指标测试。

以上的全面评估测试，为保证公平、公正、客观，一般是交付第三方测试（即非研发单位自测），比如交付给本公司的 QA（品质保证）部测试；也可以交付给具有专业测量资质的公司进行全面测试。

第三方测试完成后，都必须出具完整的《新样机评估测试报告》给产品研发部和客户。产品研发部收到《新样机评估测试报告》后可以进行验证设计输入并进行设计修改；客户收到《新样机评估测试报告》后可清楚地了解新产品开发过程中的开发进程及新产品当前状态，如图 4.1 所示。

4.1.2　新样机评估报告实例

新样机评估报告实例如图 4.2 所示。

报告具体内容如下。

1. 目的

明确生产技术工程部试产样机性能的评审项目及标准。

2. 适用范围

生产技术工程部对试产的样机进行评审。

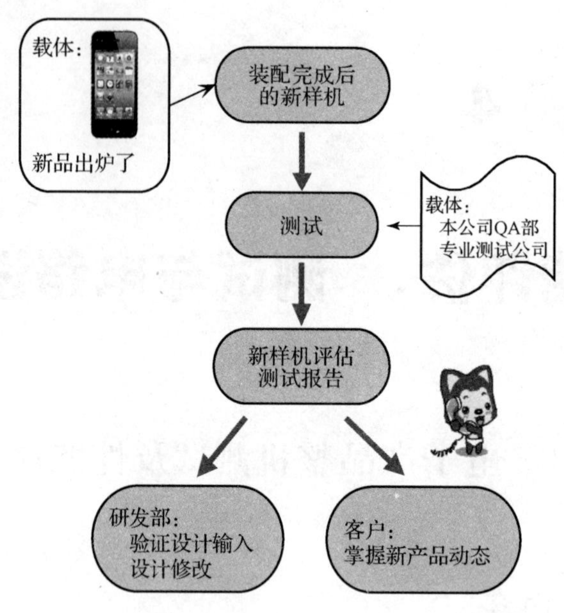

图 4.1　新样品的性能及评估测试流程框图

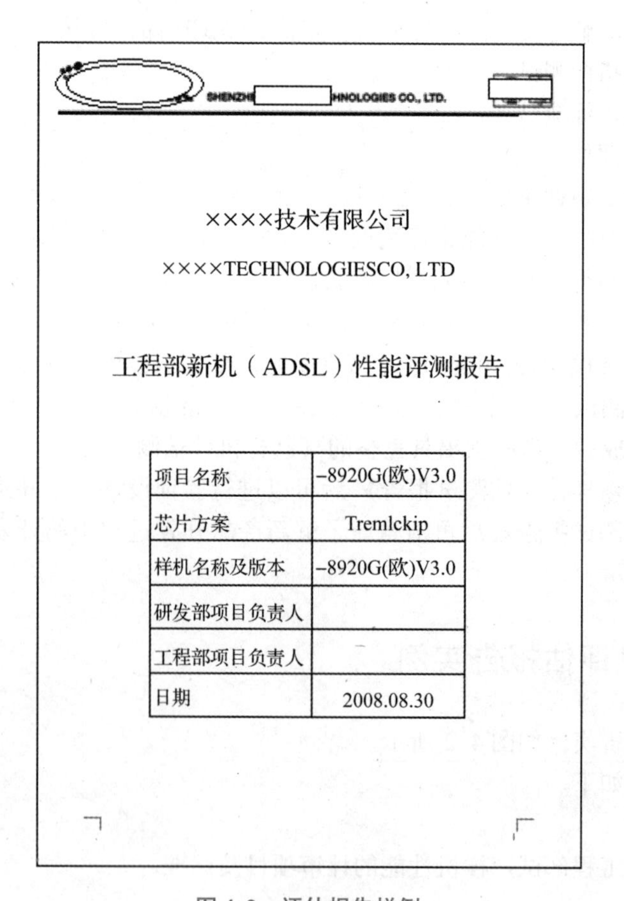

××××技术有限公司

××××TECHNOLOGIESCO, LTD

工程部新机（ADSL）性能评测报告

项目名称	-8920G(欧)V3.0
芯片方案	Tremlckip
样机名称及版本	-8920G(欧)V3.0
研发部项目负责人	
工程部项目负责人	
日期	2008.08.30

图 4.2　评估报告样例

3. 职责

（1）生产技术工程部经理负责规范的监督与实施。

（2）PE 组组员负责该规范的执行和完善。

产品简介

<table>
<tr><td>产品简介</td><td>× × －8920 G（欧）V3.0 是在我司 × × －8920 G（欧）V1.0 所使用的 PCB 板基础上修改而成，与 × × －8920 G（欧）V1.0 原板相比，主要是将原插槽式无线任务改为贴片式电路。</td></tr>
</table>

测试项目及内容见表 4.1。

表 4.1　测试项目及内容

<table>
<tr><th>序号</th><th colspan="2">测试项目</th><th>测试结果</th><th>补充说明</th></tr>
<tr><td>1</td><td colspan="2">通电前测试</td><td>P</td><td></td></tr>
<tr><td>2</td><td colspan="2">初始化测试</td><td>P</td><td></td></tr>
<tr><td>3</td><td colspan="2">电源电压测试</td><td>P</td><td></td></tr>
<tr><td>4</td><td colspan="2">射频校准测试（如果含无线部分）</td><td>P</td><td></td></tr>
<tr><td rowspan="5">5</td><td rowspan="5">应用软件及文件传输功能测试</td><td>Web 页面检查</td><td>P</td><td></td></tr>
<tr><td>1 km 和 4.2 km 速率测试</td><td>P</td><td></td></tr>
<tr><td>硬件复位检查</td><td>P</td><td></td></tr>
<tr><td>软件复位检查</td><td>P</td><td></td></tr>
<tr><td>上传和下载 1 GB 左右大小的文件</td><td>N/A</td><td></td></tr>
<tr><td rowspan="2">6</td><td rowspan="2">LAN 口测试</td><td>Novell 网络环境下的交换功能及兼容性测试</td><td>N/A</td><td></td></tr>
<tr><td>ND5000、G2400、Nustreams 这 3 种生产测试设备测试该样机的交换功能</td><td>P</td><td>用 Nustreams 测试时 100M 到 10M 传输出现丢包的情况。经分析是芯片原因。用 G2400 测试可通过</td></tr>
<tr><td rowspan="2">7</td><td rowspan="2">无线应用测试（如果含无线部分）</td><td>文件传输性能测试</td><td>N/A</td><td></td></tr>
<tr><td>产品吞吐量测试及吞吐量稳定性测试</td><td></td><td></td></tr>
<tr><td>8</td><td colspan="2">研发测试部不通过，后经改善项目的对应测试</td><td>N/A</td><td></td></tr>
</table>

续表

序号	测试项目	测试结果	补充说明
说明：			
测试结果说明			
N/A	Not Applicable，此样机不支持此项测试所要求的功能项		
P	Pass，测试样机符合相关测试项的要求		
F	Fail，测试样机不符合相关测试项的要求		
W	Warn，样机测试项中有部分不通过项，在补充说明中进行备注		
N/T	样机测试时因硬件或软件原因暂时不能进行此项测试		

通电前测试见表4.2。

表4.2 通电前测试

序号	测试项目	测试结果	备注
1	样机表面是否清洁、有无飞线等更改迹象	P	
2	器件焊接有无短路、开路、错位情况	P	
3	各路电源输入输出有无短路情况（10R以下）	P	
4	使用的电源适配器与BOM中的电源是否一致	P	
5	电源输入标识与端口标识是否正确	P	
说明：			

初始化测试见表4.3。

表4.3 初始化测试

测试说明	观察并记录初始化LED的显示情况，并向产品研发部相关负责人核准
测试记录	通电后电源灯常亮，Act灯闪烁5次后熄灭，ADSL灯开始持续闪烁

电源电压测试见表4.4。

表4.4 电源电压测试

序号	要求电压值	实测电压值	测试结果	备注
1			P	
2			P	
3			P	

应用软件及1 km和4.2 km速率测试见表4.5。

表4.5　应用软件及1 km和4.2 km速率测试

序号	测试项目	测试要求	测试结果	备注
1	Web界面检查	在IE中打开网页，核对机型名称以及有没有缺省的VPI和VCI	P	
2	1 km和4.2 km速率测试	在生产线上进行1 km和4.2 km电话线上下行速率测试	P	只需测试4.2 km
3	硬件复位检查	修改某些设置，保存后通过硬件复位恢复出厂设置，应正常且注意复位时LED是否有变化	P	必须在初始化完成后，按Reset键5 s左右才可复位。以前通电前按复位键复位方式不可行
4	软件复位检查	修改某些设置，保存后用软件恢复出厂设置，应正常且注意复位时LED是否有变化	P	
5	文件传输功能测试	上传和下载1 GB左右大小的文件，注意传输过程中有无掉线、丢包等不良现象且观察记录传输的平均速率	N/A	
说明				

测试总结（总结测试结果，并给出试产及量产的测试流程）：

该样机在性能上和正在批量生产的××－8920 G（欧）V1.0并无差别。与××－8920 G（欧）V1.0原板相比，主要是将原插槽式无线任务改为贴片式电路。不过从测试结果来看，该电路的修改不会影响产品的基本性能。

4.2　电路设计修改

根据《产品规格书》的各项要求和指标要求，以及《新样机评估测试报告》中出现的漏洞，此时应当及时、快速解决各种装配不良引起的问题、设计缺陷引起的问题。这些问题一般分为机械结构方面的问题和电路性能方面的问题两个方面。机械结构方面的问题不在本书讨论的范围内。

电路设计修改（图4.3）就是针对在设计过程中由于设计缺陷的原因而引起新样机存在电气性能、安全性能未能达到原《产品规格书》中的要求而进行的设计修改过程。

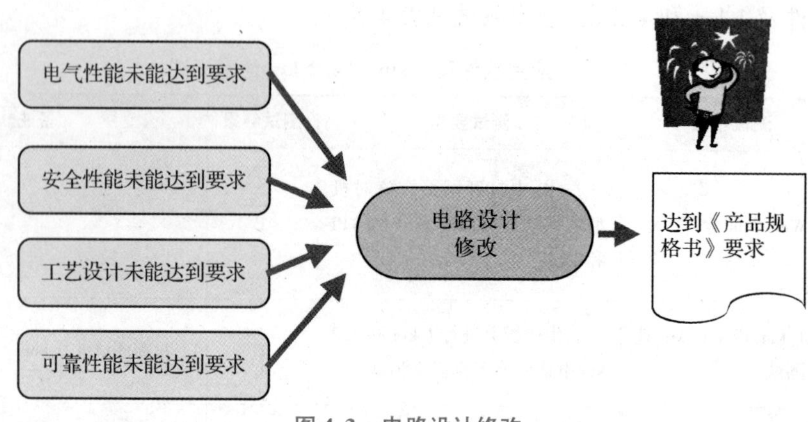

图 4.3　电路设计修改

“电动车尾灯闪烁器”（滚动亮暗显示方案）前期设计制作的样品完成后，需经测试对新样机的问题进行收集。

4.2.1　新样机问题收集

《新样机评估测试报告》如表 4.6 所示。

表 4.6　“电动车尾灯闪烁器”工程样机性能测试评估报告

	工作状态	问题现象描述	正常现象
1	停止状态	有 LED 点亮	全部 LED 都处于熄灭状态
2	左转状态		

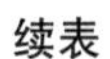

续表

	工作状态	问题现象描述	正常现象
3	右转状态	LED–L1 LED–R1 LED–L2 LED–R2 LED–L1′ LED–R3 LED–L4 J3 J4 J5 J6 LED–R4 LED–L3′ LED–R3′ J7 LED–R1′ J8 LED–L2′ LED–R2′ LED–L3 Q3 Q6 Q5 Q7 J9 LED–L1 LED–R1 LED–L2 LED–R2 LED–L1′ LED–R3 LED–L4 J3 J4 J5 J6 LED–R4 LED–L3′ LED–R3′ J7 LED–R1′ J8 LED–L2′ LED–R2′ LED–L3 Q3 Q6 Q5 Q7 J9	LED–L1 LED–R1 LED–L2 LED–R2 LED–L1′ LED–R3 LED–L4 J3 J4 J5 J6 LED–R4 LED–L3′ LED–R3′ J7 LED–R1′ J8 LED–L2′ LED–R2′ LED–L3 Q3 Q6 Q5 Q7 J9 LED–L1 LED–R1 LED–L2 LED–R2 LED–L1′ LED–R3 LED–L4 J3 J4 J5 J6 LED–R4 LED–L3′ LED–R3′ J7 LED–R1′ J8 LED–L2′ LED–R2′ LED–L3 Q3 Q6 Q5 Q7 J9
4	闪烁状态	LED–L1 LED–R1 LED–L2 LED–R2 LED–L1′ LED–R3 LED–L4 J3 J4 J5 J6 LED–R4 LED–L3′ LED–R3′ J7 LED–R1′ J8 LED–L2′ LED–R2′ LED–L3 Q3 Q6 Q5 Q7 J9 LED–L1 LED–R1 LED–L2 LED–R2 LED–L1′ LED–R3 LED–L4 J3 J4 J5 J6 LED–R4 LED–L3′ LED–R3′ J7 LED–R1′ J8 LED–L2′ LED–R2′ LED–L3 Q3 Q6 Q5 Q7 J9	LED–L1 LED–R1 LED–L2 LED–R2 LED–L1′ LED–R3 LED–L4 J3 J4 J5 J6 LED–R4 LED–L3′ LED–R3′ J7 LED–R1′ J8 LED–L2′ LED–R2′ LED–L3 Q3 Q6 Q5 Q7 J9 LED–L1 LED–R1 LED–L2 LED–R2 LED–L1′ LED–R3 LED–L4 J3 J4 J5 J6 LED–R4 LED–L3′ LED–R3′ J7 LED–R1′ J8 LED–L2′ LED–R2′ LED–L3 Q3 Q6 Q5 Q7 J9

4. 2. 2　电路设计修改

1. 查找真因

根据问题故障现象，查找真因。一般有以下几种方法。

①电压测量法，一般用于工作点电压检测。

②电阻测量法，要在断电的情况下使用，一般用于判断开路或短路。

③电流测量法，需要断开测量回路，串联在待测回路中。可判断回路是否有短路或局部短路；也可判断回路的工作状态是否偏离。

④正向信号检测法，可根据方框图，沿信号的产生、转换、输出流向逐段测量，需使用电压表或示波器等设备。

⑤反向信号检测法，根据方框图逆向检测信号。

针对问题1，采用逆向信号检测法，步骤如下。

（1）在停止状态下（将转向开关、闪烁开关均处于“停止”位置），点亮的LED为$L_2/L_2'/L_4$，$M_2/M_4/M_6$，$R_2/R_2'/R_4$。查找相关电路原理图，如图4.4所示。

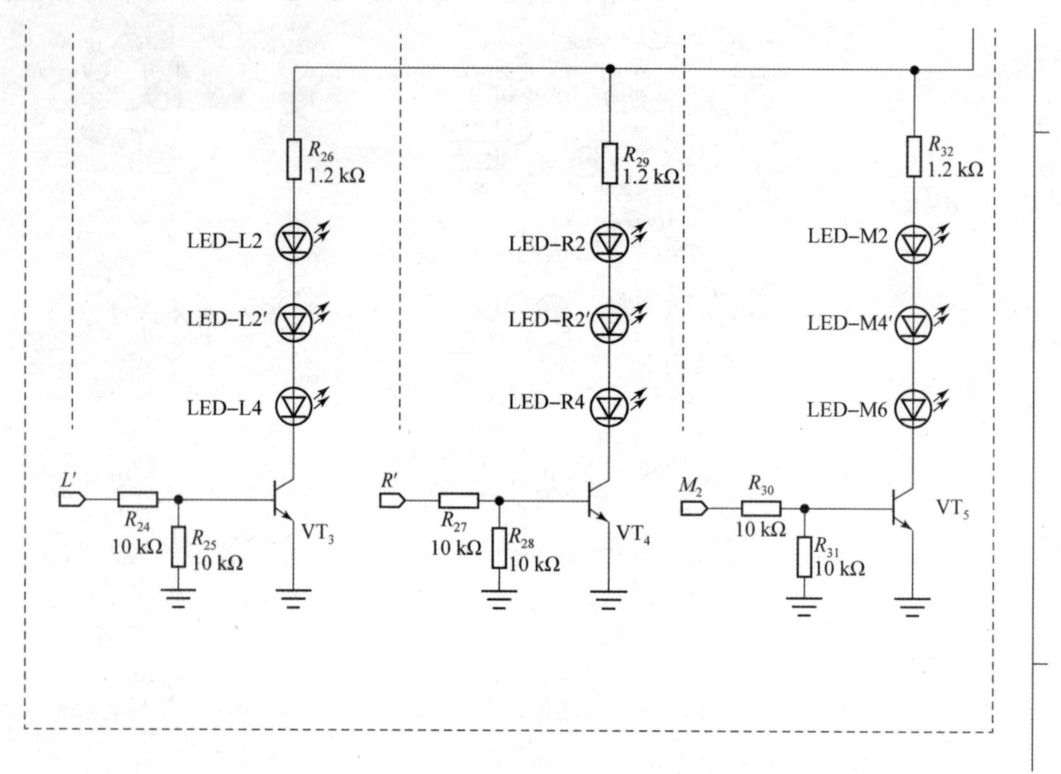

图4.4　显示驱动相关电路

（2）用万用表测量，发现VT_3，VT_4，VT_5的集电极电压均为0 V（电压测量法）。

（3）断电后测量VT_3、VT_4、VT_5的集电极到地电阻，未发现短路（电阻测量法），排除元器件损坏、焊接短路。

（4）思考：VT_3、VT_4、VT_5的集电极电压均为0 V→装配焊接正确（无短路）→器件未损坏→应当是控制信号异常所致。

（5）测量L'、R'、M_2这3个信号，发现为异常（在停止状态，长期为高电平）。

（6）根据逻辑转换电路任务，方框图如图4.5所示。

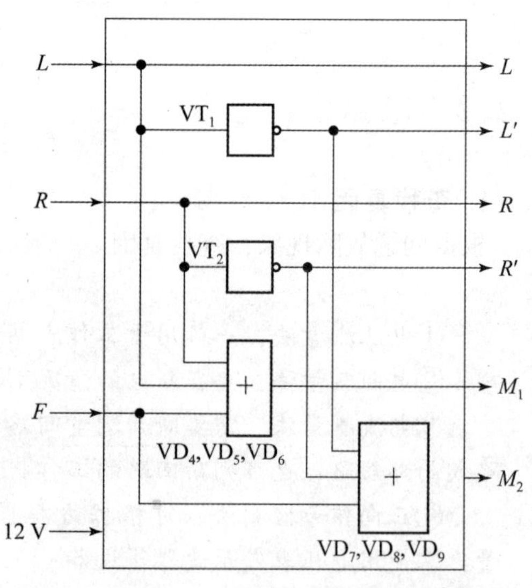

图4.5　任务3——逻辑转换电路任务方框图

（7）信号M_2的异常与L'/R'相关，解决了L'/R'的异常也就解决了M_2的问题。

（8）继续逆向查找L、R信号，L、R都是无信号（电压为0 V），根据设计时要求在“停止”状态无信号是正常的。

(9) 分析《样机评估报告》中其他问题的原因同属于 L'/R' 信号不正常引起的。

(10) 思考：为何 L、R 是正常的，而 L'/R' 是不正常的呢？

(11) 引起故障问题的原因分析。设计时，“当 L 或 R 为无信号”，理论上“L'/R' 也应当为无信号”，而在实际电路中如果“L 或 R 为无信号”的表现为低电平，由于非门电路的特性决定了 L'/R' 肯定为高电平，也就是说，此时的 L'/R' 为有信号输出。这是问题的根源所在。

原因：逻辑转换电路（非门电路），在输入为无信号时，输出为有信号。应在通道选中时实行非门功能，未选中时，输入输出同时为低电平（同时为无信号状态）。

针对 Left 路信号的非门电路的功能表应当修正为表 4.7。

表 4.7　Left 路信号功能表修改

<table>
<tr><th>本机工作状态</th><th>输入</th><th>输出</th></tr>
<tr><td rowspan="2">左转显示</td><td>L</td><td>H</td></tr>
<tr><td>H</td><td>L</td></tr>
<tr><td>右转显示</td><td>L</td><td>L</td></tr>
<tr><td>停止</td><td>L</td><td>L</td></tr>
<tr><td>闪烁显示</td><td>L</td><td>L</td></tr>
</table>

针对 Right 路信号的非门电路的功能表应当修正为表 4.8。

表 4.8　Right 路信号功能表修改

<table>
<tr><th>本机工作状态</th><th>输入</th><th>输出</th></tr>
<tr><td>左转显示</td><td>L</td><td>L</td></tr>
<tr><td rowspan="2">右转显示</td><td>L</td><td>H</td></tr>
<tr><td>H</td><td>L</td></tr>
<tr><td>停止</td><td>L</td><td>L</td></tr>
<tr><td>闪烁显示</td><td>L</td><td>L</td></tr>
</table>

这是当初设计时考虑不全面引起的，是属于设计原因，故必须进行设计修改。

2. 电路设计修改

图 4.6 为原先设计的信号选择任务、逻辑转换任务的电路图。

寻找永久解决措施的思路，具体如下。

(1) VT_1、VT_2 所形成的非门上挂电阻 R_8'、R_{12}' 接到 V_{CC} 是造成非门在未选中的通道时有信号输出的根本原因，所以这两个电阻不能直接接 V_{CC}。

(2) 方案一：设计一个使能端，通道选中时，对应的非门输出端正常工作，未被选中时，将非门输出端拉到地（输出低电平）。

(3) 方案二：设计一个电路，通道选中时，对应的非门上挂电阻就接上电源，未选中时断开电源。

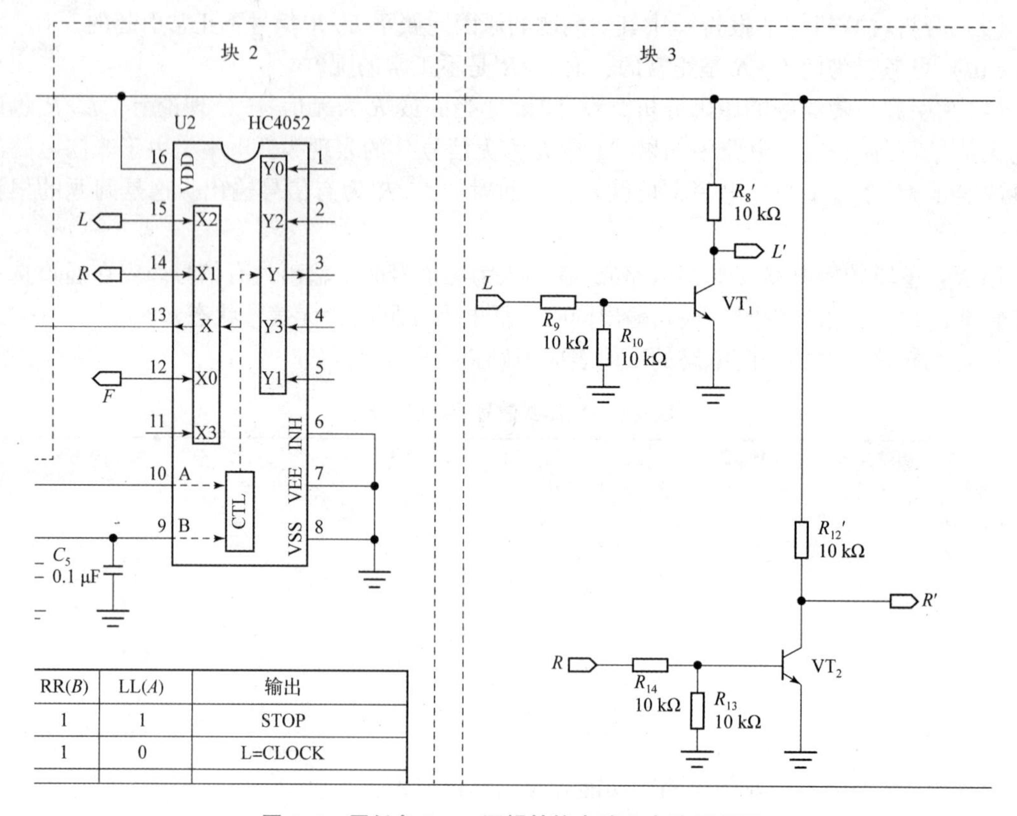

RR(*B*)	LL(*A*)	输出
1	1	STOP
1	0	L=CLOCK

图 4.6　原任务 3——逻辑转换电路之电路原理图

（4）HC4052 是双通道 4 选 1 电子模拟开关，目前只使用了一个 X 通道进行信号分配。还有一个 Y 通道未被使用。

（5）选择方案二，使用 HC4052 的 Y 通道，来实现通道选中时 V_{CC}电源与对应的非门上挂电阻相连接。未被选中时则对应非门上挂电阻与 V_{CC}电源断开。

（6）修改方框图，首先断开 12V 电源直接加到逻辑转换电路任务，如图 4.7 所示。

（7）设计修改后的方框图添加了 U2（HC4052）的 Y 通道，选择 12 V 电源切换到 VT_1/VT_2 组成的非门上挂电阻 R_8/R_{12}，如图 4.8 所示。

（8）设计修改后的信号选择任务、逻辑转换电路任务的电路原理如图 4.9 所示，图中 U2 的 Y 通道的公共端口（PIN3）是通过一个电阻 R_6（1 kΩ）连接到 12 V 电源的，目的是避免直接接 12 V 可能会引起 IC 的损坏。另外，图中在 Y1/Y2 端口都添加了一个落地电阻，确保在没有被选中的时候，Y1/Y2 的输出为低电平。

（9）修改后的原理分析，如图 4.10 所示。

当工作在“左转显示”状态下，*L* 信号通道选通时，同时 Y2 被选通到 Y，此时电源流经的回路为：V_{CC}→R_6→U2. 3→U2. 2→R_8，此时 *L*→*L'*（非门）电路正常工作。

如果选中其他通道，如“闪烁显示”工作状态，电子模拟开关：Y 与 Y0 连通，Y2 端口处于断开状态，此时 R_8 上端无电压，*L'*就能输出低电平。所以，该电路被选通时，能实现正常的“非”电路功能，在未被选中时，输出为低电平。实现了真正的“无信号输入时，无信号输出”。同理，*R*→*R'*（非门）电路也是这样的工作原理，读者可以自行分析。

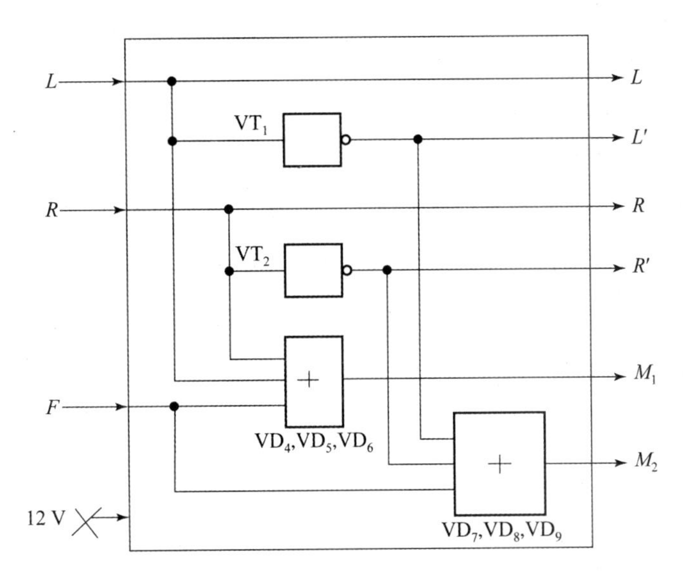

图 4.7　原任务 3——逻辑转换电路的方框图

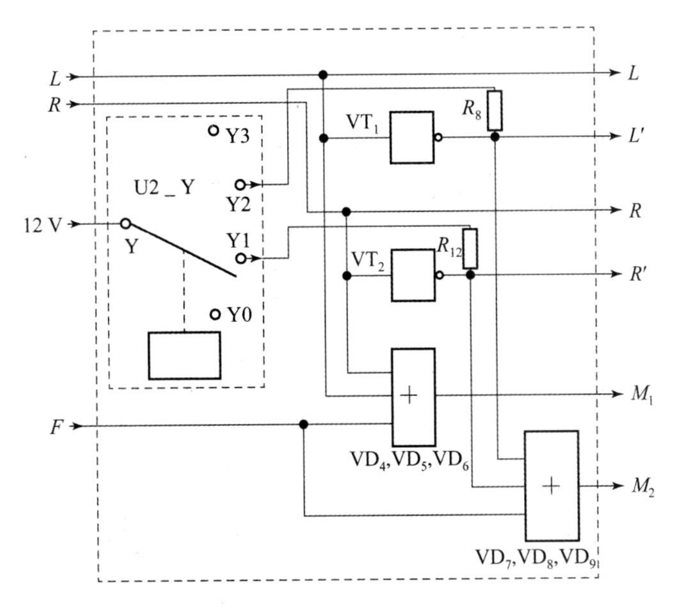

图 4.8　修改后的任务 3——逻辑转换电路的方框图

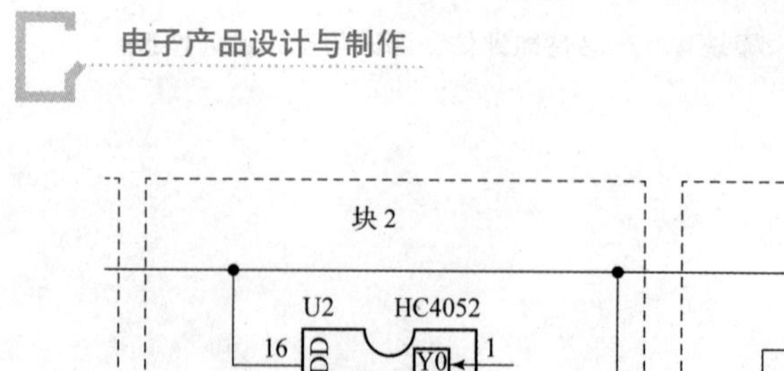

块 2 块 3

RR(*B*)	LL(*A*)	输出
1	1	STOP
1	0	*L*=CLOCK

图 4.9　修改后的任务 3——逻辑转换电路的电路原理图

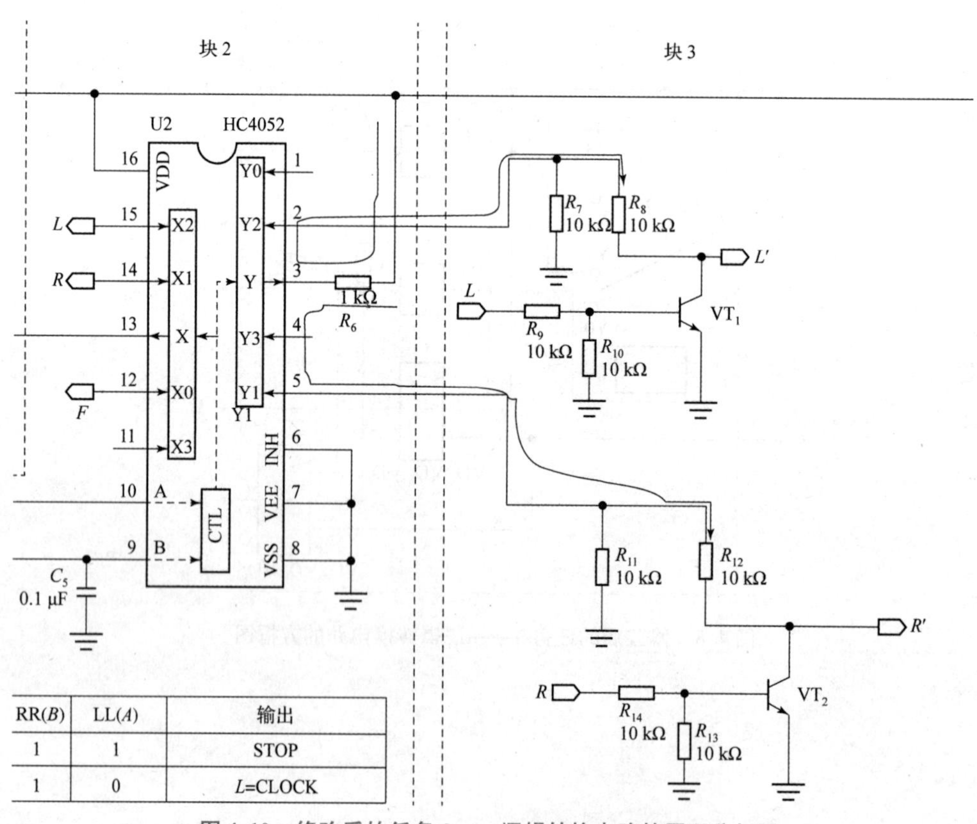

RR(*B*)	LL(*A*)	输出
1	1	STOP
1	0	*L*=CLOCK

图 4.10　修改后的任务 3——逻辑转换电路的原理分析图

修改后的逻辑功能如表4.9所示。

表4.9　修改后的“非门”逻辑功能表

本机工作状态	$L \to L'$（非门）		$R \to R'$（非门）	
	输入	输出	输入	输出
左转显示	L	H	L	L
	H	L		
右转显示	L	L	L	H
			H	L
停止状态	L	L	L	L
闪烁显示	L	L	L	L

4.2.3　电路设计修改确认

功能演示

1. 修改后电性能测试

1）测试仪器

万用表。

2）测试前的准备

输入端高电平、低电平的实现方法，将CLOCK信号连接的R_3连接U1.3的那一端直接接到V_{CC}即实现输入端高电平；将CLOCK信号连接的R_3连接U1.3的那一端直接接到GND，即实现输入端低电平；R_3的位置见电路原理图4.11所示。

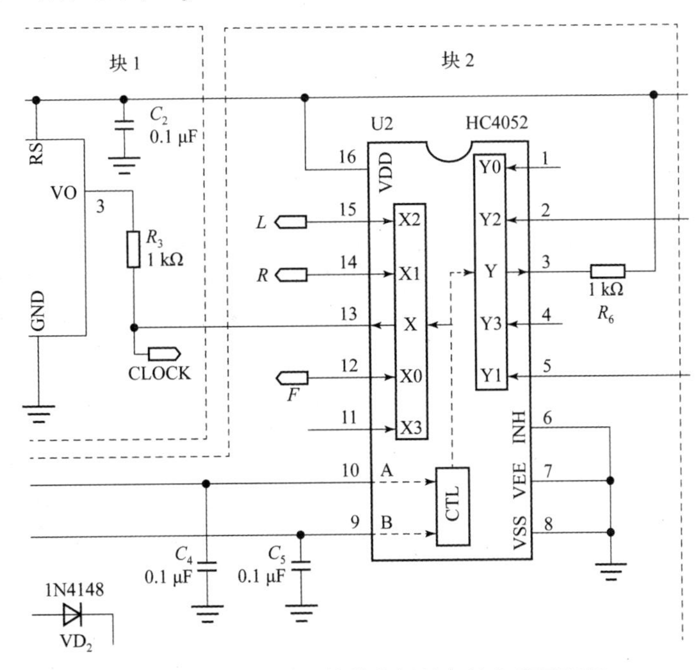

图4.11　任务2——信号选择任务的电路原理图

3）测试点

图 4.12 中的 L 为 “$L \to L'$” 非门的输入端，L' 为 “$L \to L'$” 非门的输出端。

图 4.12 中的 R 为 “$R \to R'$” 非门的输入端，R' 为 “$R \to R'$” 非门的输出端。

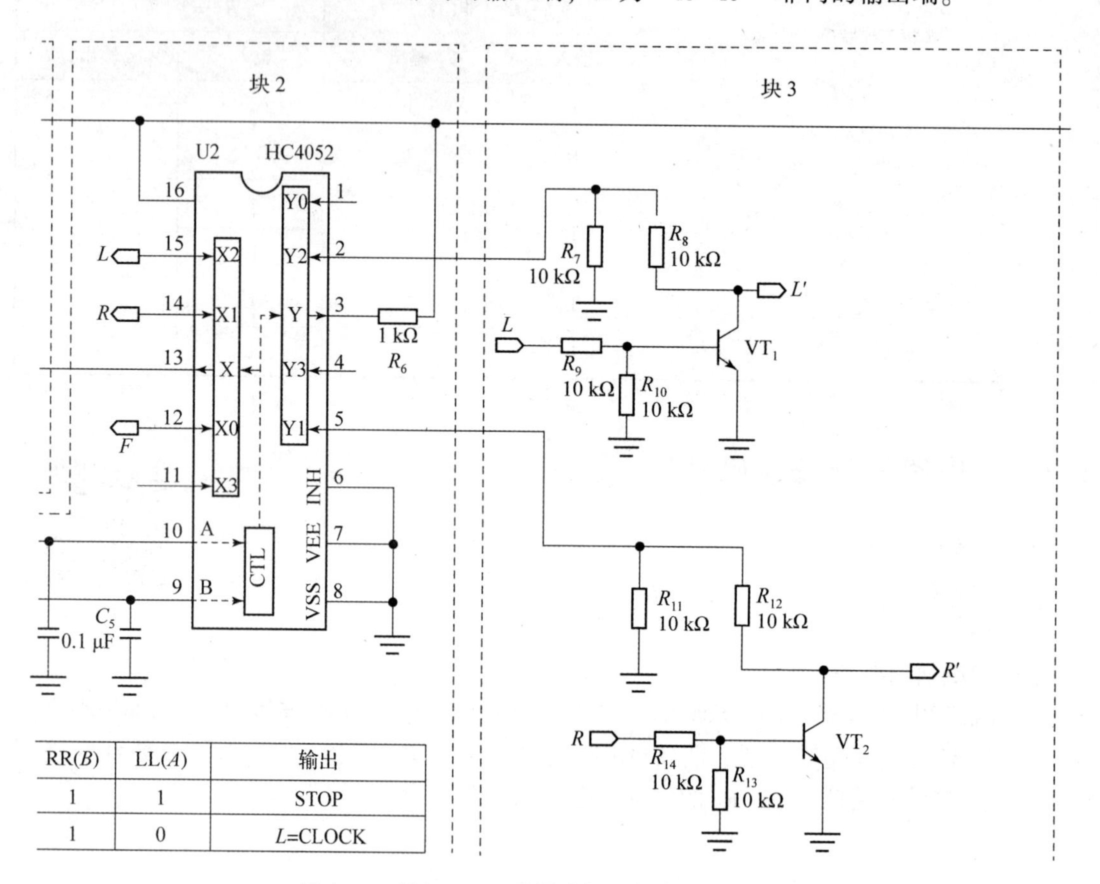

图 4.12　任务二——信号选择任务的电路原理图

4）测试内容

验证修改后的逻辑功能表，将实际测量的电压值记录并填到表 4.10 中。

表 4.10　数据记录表

本机工作状态	$L \to L'$（非门）		$R \to R'$（非门）	
	输入/V	输出/V	输入/V	输出/V
左转显示				
右转显示				
停止状态				
闪烁显示				

2. 修改后的功能测试（表 4.11）

表 4.11　修改后的功能测试

	工作状态	修改后功能测试结果	预定的设计要求
1	停止状态		全部 LED 都处于熄灭状态
2	左转状态		
3	右转状态		

续表

	工作状态	修改后功能测试结果	预定的设计要求
4	闪烁状态	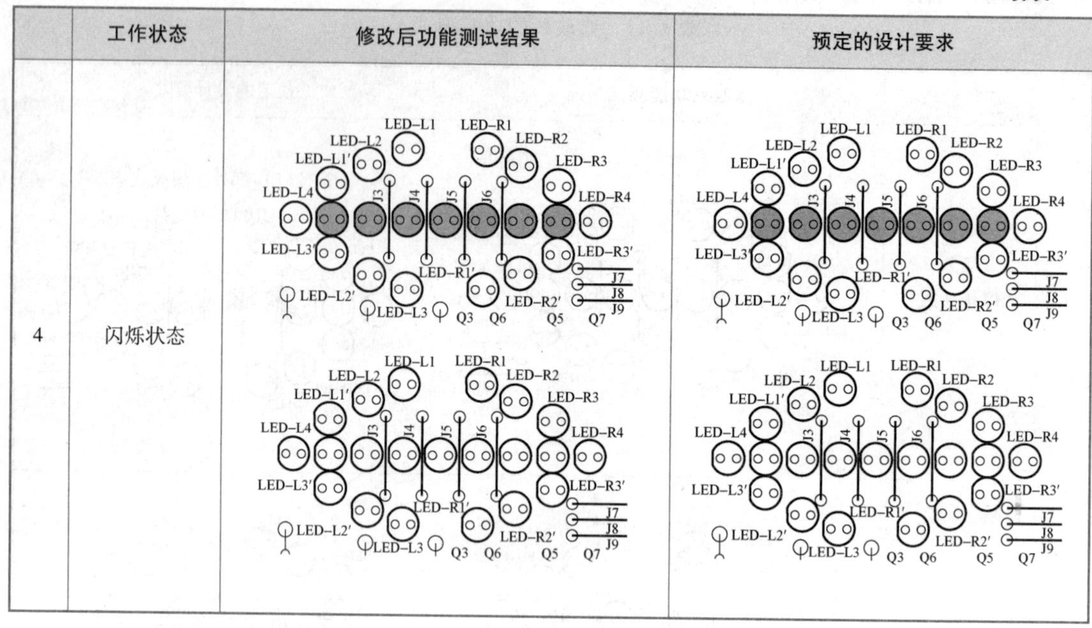	

表4.11所示结果显示，经修改过的电路通电实际测试所产生的效果完全与预定的设计要求一致。说明经过设计修改，最终完成了本产品的设计任务。

下面增加一张修改后的整机完整原理图及完整材料清单，如图4.13及表4.12所示。

3. 修改后的综合测试（交付第三方评估测试）

为了使结果公平、真实，实际样机应交予第三方单位或部门进行检测，一般第三方的检测结果会同时反馈给研发部门及客户。这个综合测试主要是电子产品的可靠性试验。

可靠性试验是对产品进行可靠性调查、分析和评价的一种手段。试验结果为故障分析、研究并采取的纠正措施以及判断产品是否达到指标要求提供依据。具体目的如下。

（1）发现产品的设计、元器件、零部件、原材料和工艺等方面的各种缺陷。

（2）为改善产品的完好性、提高任务成功性、减少维修人力费用和保障费用提供信息。

（3）确认是否符合可靠性定量要求。

为实现上述目的，根据情况可进行实验室试验或现场试验。

实验室试验是通过一定方式的模拟试验，试验剖面要尽量符合使用的环境剖面，但不受场地的制约，可在产品研制、开发、生产、使用的各个阶段进行。具有环境应力的典型性、数据测量的准确性、记录的完整性等特点。通过试验可以不断地加深对产品可靠性的认识，并可为改进产品可靠性提供依据和验证。

现场试验是产品在使用现场的试验，试验剖面真实但不受控，因而不具有典型性。因此，必须记录分析现场的环境条件、测量、故障、维修等因素的影响，即便如此，要从现场试验中获得及时的可靠性评价信息仍然困难，除非用若干台设备置于现场使用直至用坏，忠实记录故障信息后才有可能确切地评价其可靠性。当系统规模庞大、在实验室难以进行试验时，则样机及小批产品的现场可靠性试验有重要意义。

表 4. 12　“电动车尾灯闪烁器”的完整材料清单第二版（经修改并确认）

序号	材料类别	简述	描述	位号	封装	单台数量
1	贴片电容	1 μF *	[普通电容 MLCCX7R +/-10% = 容值 - 1 μF - 电压 = 25 V - 封装 = 0805 风华]	C'1	C - S - 0805	1
2 *	贴片电容	0. 1	[普通电容 MLCCX7R +/-10% = 容值 - 0. 1 μF - 电压 = 50 V - 封装 = 0805]	C1，C2，C3，C4，C5，C6	C - S - 0805	6→5
3 *	贴片电阻	470 K *	'RC0603FR - 07470KL【普通电阻 1% - 规格 = 220K1/10W - 封装 = SMD0603】YAGEO/厚声	R1'	R - S - 0603	1→0
4	贴片电阻	220 K	'RC0603FR - 07220KL【普通电阻 1% - 规格 = 220K1/10W - 封装 = SMD0603】YAGEO	R1，R2	R - S - 0603	2
5	贴片电阻	1K2	【普通电阻 5% - 规格 = 1K21/8W - 封装 = SMD0805】国巨	R3，R26，R29，R32，R37	R - S - 0805	5
6	贴片电阻	10 K	'RC0603JR - 0710KL【普通电阻 5% - 规格 = 10K1/10W - 封装 = SMD0603】YAGEO，	R4，R5，R8，R9，R10，R12，R13，R14，R15，R16，R18，R19，R21，R22，R24，R25，R27，R28，R30，R31，R33，R34，R35，R36	R - S - 0603	24→22
7	贴片电阻	820	【普通电阻 5% - 规格 = 8201/8W - 封装 = SMD0805】	R17，R20，R23	R - S - 0805	3
8	贴片电阻	2K7	'RC0603JR - 072. 7KL【普通电阻 5% - 规格 = 2. 7K 1/10W - 封装 = SMD0603】YAGEO	R38	R - S - 0603	1
9	贴片二极管	1N4148	贴片二极管'1N4148W，封装 SOD - 123FL，CBI（ST）	D1，D2，D3，D4，D5，D6，D7，D8，D9	SOD - 123FL	9
10	贴片 LED	LED - S - 0603	贴片 LED 红色封装 = 0603	DE1	LED - S（0603）	1

续表

序号	材料类别	简述	描述	位号	封装	单台数量
11	贴片三极管	2N3904	贴片三极管'2N3904S - RTK/PS，SOT - 23 - 3，KEC	Q1，Q2，Q3，Q4，Q5，Q6，Q7，Q8	SOT - 23 - 3	8
12	贴片 IC	555	IC XL555，SOP - 8，XINLUDA（信路达）	U1	SO8	1
13	贴片 IC	HC4052	IC 74HC4052，SOP - 16，华冠	U3	SOP16	1
14	端子/插座	4 芯插座	4 芯插座，脚间距为 2. 14 mm	J1，J2	SIP4 - 2. 0	2
15	LED	LED - DIP 5MM	LED D = 5 mm 红色发光二极管普通直插元件封装（亿光）	LED - L1 - L4，LED - L1′ - L3′，LED - M1 - M7，LED - R1 - R4，LED - R1′ - R3′，	LED DIP	21
16	开关	2 位按压开关	按压开关（有两个稳定位置，按一下锁定导通，再按一下弹起来断开）	导通：全闪 断开：停止		1
17	开关	3 位拨动开关	拨动开关（有 3 个稳定位置，可以左、中、右拨动）	左：左闪烁 中：停止 右：右闪烁		1
18	PCB	PCB	双面板，板厚 $T = 1.6$ mm，板尺寸：70 mm × 50 mm			1

模块5

设计变更（派生机型）设计案例

在很多实际的产品设计过程中，或一个新产品设计完成之后，都需要进行设计变更，或进行派生机型的设计。此新产品机型一般称为原生机型。

设计变更就是设计研发单位已经开始了产品设计，或新产品设计完成之后，因市场变化或客户新的需求变化，要求重新变更《产品设计规格书》中的一个或多个功能、性能参数指标等。

派生机型是指在一个产品研发完成后，根据市场变化的需求，需要开发出功能相近、外观相似的产品。比如，一款“32英寸液晶（LCD）高清彩色电视接收机”开发完成后，可以派生功能相近但尺寸更大或更小一点的液晶高清电视机，如可派生“26英寸液晶（LCD）高清彩色电视接收机、37英寸液晶（LCD）高清彩色电视接收机、42英寸液晶（LCD）高清彩色电视接收机”等。

派生机型的产品开发也可以在第一个全新产品开发启动一段时间就着手开发，这样可以节省开发费用，全面快速地占领市场。

设计变更或派生机型设计开发的设计构思、核心电路架构，基本上与原生机型完全一致，只在局部功能或局部电路上做一些功能方面的调整，因此一般来说电路的方框图是相似的或是相同的。

设计变更或派生机型的设计开发流程与原生机型开发流程（新产品开发流程）完全一致，仅仅一些相同的信号化简、理论论证或共用的电路或PCB设计可以省略（相同的部分不是不用做，而是以前做好的工作或是其他同事做好的工作此时可以省略），工作重点要放在设计变更点或派生机型的不同点上。

下面以电动车尾灯闪烁器为例，原来的规格要求是滚动闪烁方式显示，现设计变更要求是：以另一种闪烁方式（全亮全暗的闪烁方式）显示尾灯闪烁器。

设计变更案例：电动车尾灯闪烁器的设计变更与制作——由“走马灯式”的闪烁方式更改为“全亮全暗”的闪烁方式，闪烁频率维持不变（仍为3～5 Hz）。

5.1 设计任务确定（全亮全暗的闪烁方式）

确定产品技术规格书如表5.1所示。

表 5.1 派生机型的《产品规格书》之一

电动车尾灯闪烁器（全亮全暗的闪烁显示方案）技术规格书之一			
项目		规格及要求	备注
1. 性能部分			
显示方式			
显示器件		红色、圆形，直径为 ϕ5 mm 的 LED	
左转显示	←	采用 14 个 LED，组成向左的箭头形状，以 150 ms 间隔亮暗交叉显示，形成向左移动的动感	箭头的本体“—”部分与右转、闪烁的共用
右转显示	→	采用 14 个 LED，组成向右的箭头形状，以 150 ms 间隔亮暗交叉显示，形成向右移动的动感	箭头的本体“—”部分与左转、闪烁的共用
闪烁显示	—	采用 7 个 LED，组成“—”字形状，以 150 ms 间隔全亮、全暗显示，形成闪烁的动感	本体“—”部分与左转、右转的共用
LED 阵列位置及形状		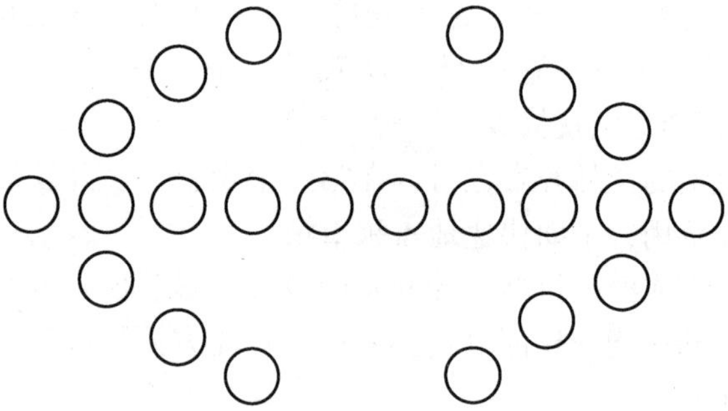	
2. 结构尺寸			
PCB 尺寸		≤150 mm × 150 mm	单面板（厚）=1.6 mm
3. 电源			
电源电压		直流 12 V	
电源工作电流		≤100 mA（最大）	
电源插座		2.5 mm 脚距的 4 芯插座连接到 PCB	使用电瓶车上的蓄电池供电

表 5.1 所显示的派生机型与原生机型规格完全一致，但表 5.2 则要求显示方式不同。

表 5.2　派生机型的《产品规格书》之二

电动车尾灯闪烁器（全亮全暗的显示方案）技术规格书之二——闪烁显示示意图		
左转显示	左转显示 1	
	左转显示 2	
右转显示	右转显示 1	
	右转显示 2	
闪烁显示	闪烁显示 1	
	闪烁显示 2	

5.2 电路逻辑信号、化简（全亮全暗的闪烁方式）

（1）根据5.1节的显示方式可列出功能逻辑表，如表5.3所示。

表5.3 派生机型的初始逻辑功能表

ITEM	LED位号	左转显示1	左转显示2	右转显示1	右转显示2	闪烁显示1	闪烁显示2
1	L_1	H	L	L	L	L	L
2	L'_1	H	L	L	L	L	L
3	L_2	H	L	L	L	L	L
4	L'_2	H	L	L	L	L	L
5	L_3	H	L	L	L	L	L
6	L'_3	H	L	L	L	L	L
7	L_4	H	L	L	L	L	L
8	R_1	L	L	H	L	L	L
9	R'_1	L	L	H	L	L	L
10	R_2	L	L	H	L	L	L
11	R'_2	L	L	H	L	L	L
12	R_3	L	L	H	L	L	L
13	R'_3	L	L	H	L	L	L
14	R_4	L	L	H	L	L	L
15	M_1	H	L	H	L	H	L
16	M_2	H	L	H	L	H	L
17	M_3	H	L	H	L	H	L
18	M_4	H	L	H	L	H	L
19	M_5	H	L	H	L	H	L
20	M_6	H	L	H	L	H	L
21	M_7	H	L	H	L	H	L

注：“H”表示亮，“L”表示熄灭。

将表5.3中21项中相同的项目合并为3项，则表5.3可简化为表5.4。

表5.4　合并后的派生机型的逻辑功能表

ITEM	LED位号	左转显示1	左转显示2	右转显示1	右转显示2	闪烁显示1	闪烁显示2
1	$L_1=L_1'=L_2=L_2'=L_3=L_3'=L_4$	H	L	L	L	L	L
2	$R_1=R_1'=R_2=R_2'=R_3=R_3'=R_4$	L	L	H	L	L	L
3	$M_1=M_2=M_3=M_4=M_5=M_6=M_7$	H	L	H	L	H	L

注：“H”表示亮，“L”表示熄灭。

逻辑表达式为

$$L_1=L_1'=L_2=L_2'=L_3=L_3'=L_4=\text{“左转1”}=L$$

$$R_1=R_1'=R_2=R_2'=R_3=R_3'=R_4=\text{“右转1”}=R$$

$$M_1=M_2=M_3=M_4=M_5=M_6=M_7=\text{“左转1”}+\text{“右转1”}+\text{“闪烁1”}=L+R+F$$

（2）开关控制、信号分配，如表5.5所示。

表5.5　开关位置、工作状态及信号选择逻辑表

转向开关位置	闪烁开关位置	本机工作状态	L(Left)	R(Right)	F(Flicker)
STOP	STOP	停止	×	×	×
L	STOP	左转显示	= CLOCK	×	×
R	STOP	右转显示	×	= CLOCK	×
STOP	FLICKER	闪烁显示	x	x	= CLOCK
L	FLICKER				
R	FLICKER				

5.3　方框图设计

根据方框图设计的六要素图（图5.1），可分段设计功能电路的方框图。

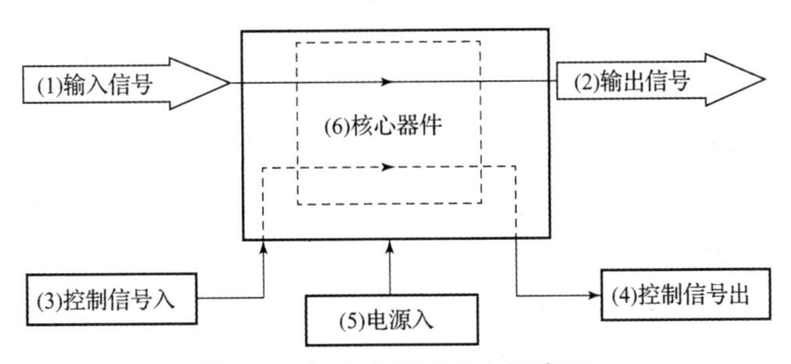

图5.1　标准方框图之六要素图

5.3.1　时钟信号生成功能电路方框图

时钟信号的要求及产生与原机型一致，如图 5.2 所示。

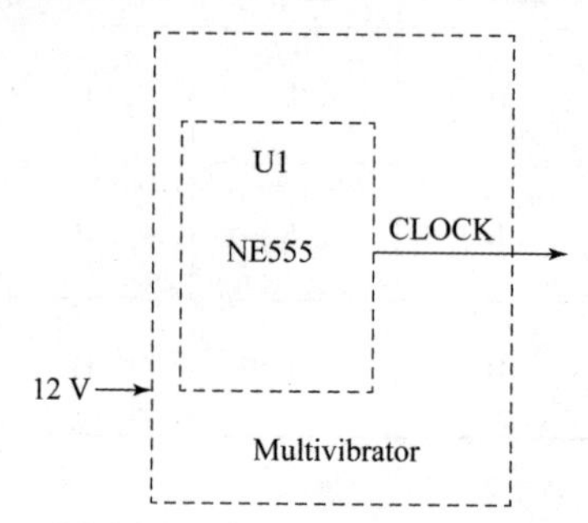

图 5.2　派生机型的 CLOCK 信号产生方框图

5.3.2　开关控制及信号选择功能电路方框图

根据表 5.5 所示的逻辑功能要求可以看出派生机型的开关位置、工作状态及信号选择逻辑表与原机型的一致，其方框图如图 5.3 所示。

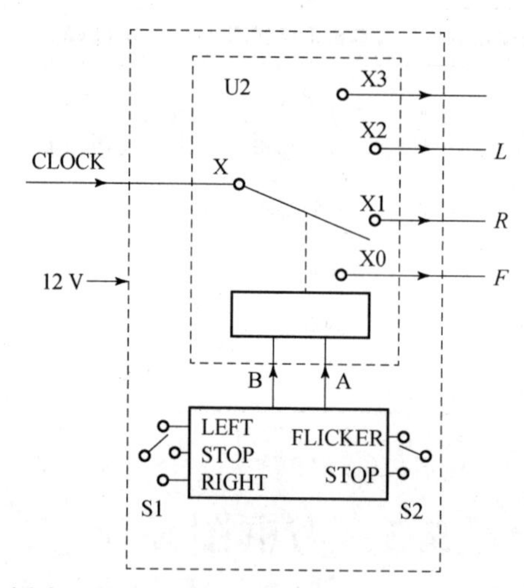

图 5.3　派生机型的开关控制及信号选择功能电路的方框图

5.3.3　逻辑转换电路功能方框图

根据表 5.4 所示的派生机型的逻辑功能表，得出的逻辑表达式为

$$L_1 = L_1' = L_2 = L_2' = L_3 = L_3' = L_4 = \text{“左转 1”} = L$$

$$R_1 = R_1' = R_2 = R_2' = R_3 = R_3' = R_4 = \text{“右转 1”} = R$$

$$M_1 = M_2 = M_3 = M_4 = M_5 = M_6 = M_7 = \text{“左转 1”} + \text{“右转 1”} + \text{“闪烁 1”} = L + R + F$$

因此，由上述逻辑表达式得出的派生机型逻辑转换功能电路的方框图如图 5.4 所示。

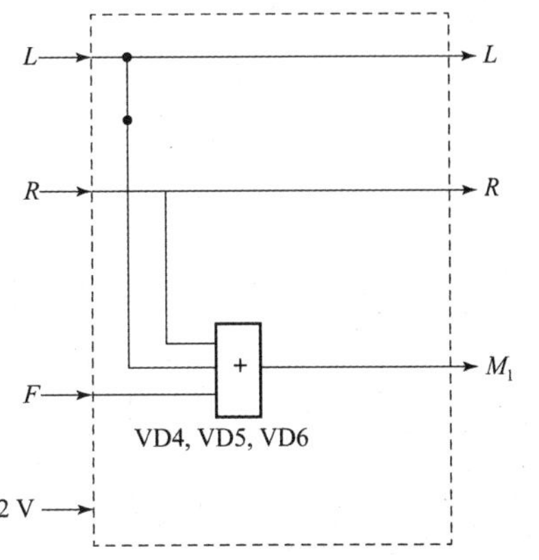

图 5.4　派生机型的逻辑转换功能电路的方框图

5.3.4　LED 驱动显示电路功能方框图

由表 5.4 得出的逻辑表达式为

$L_1=L_1'=L_2=L_2'=L_3=L_3'=L_4=$“左转 1”$=L$

$R_1=R_1'=R_2=R_2'=R_3=R_3'=R_4=$“右转 1”$=R$

$M_1=M_2=M_3=M_4=M_5=M_6=M_7=$“左转 1”+“右转 1”+“闪烁 1”$=L+R+F$

由上述表达式可知以下几点。

L 信号同时驱动“$L_1/L_1'/L_2/L_2'/L_3/L_3'/L_4$”，即同时驱动 VT_3、VT_6。

R 信号同时驱动“$R_1/R_1'/R_2/R_2'/R_3/R_3'/R_4$”，即同时驱动 VT_4、VT_7。

M_1 信号同时驱动“$M_1/M_2/M_3/M_4/M_5/M_6/M_7$”，即同时驱动 VT_5、VT_8。

故此，得出派生机型的 LED 驱动显示电路方框图如图 5.5 所示。

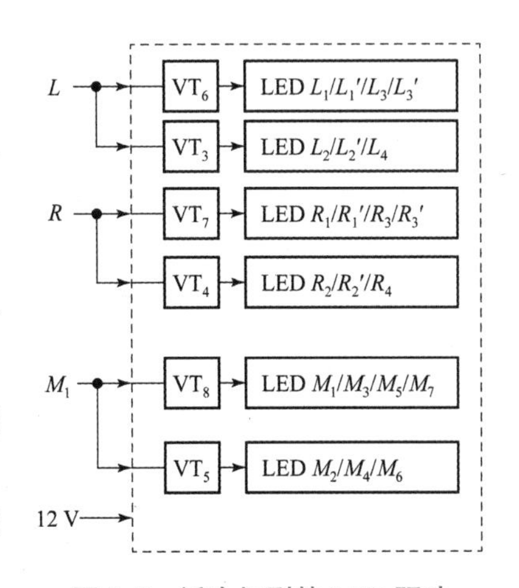

图 5.5　派生机型的 LED 驱动显示电路的方框图

5.3.5　总方框图

派生机型的整机方框图如图 5.6 所示。

5.4　电路原理图设计与原理分析

根据派生机型的整机电路总方框图（图 5.6）及参照原生机型的电路原理图设计，在充分利用原生机型的电路设计基础上，作电路修改设计。最终的电路原理图如图 5.7 所示。

注意：如果“电动车尾灯闪烁器——滚动亮暗显示方式”已经装配成功，只需将图 5.7 中 3 个圆圈内的元件删除，并将 L' 连接到 L、将 R' 连接到 R、将 M_2 连接到 M_1 即可。

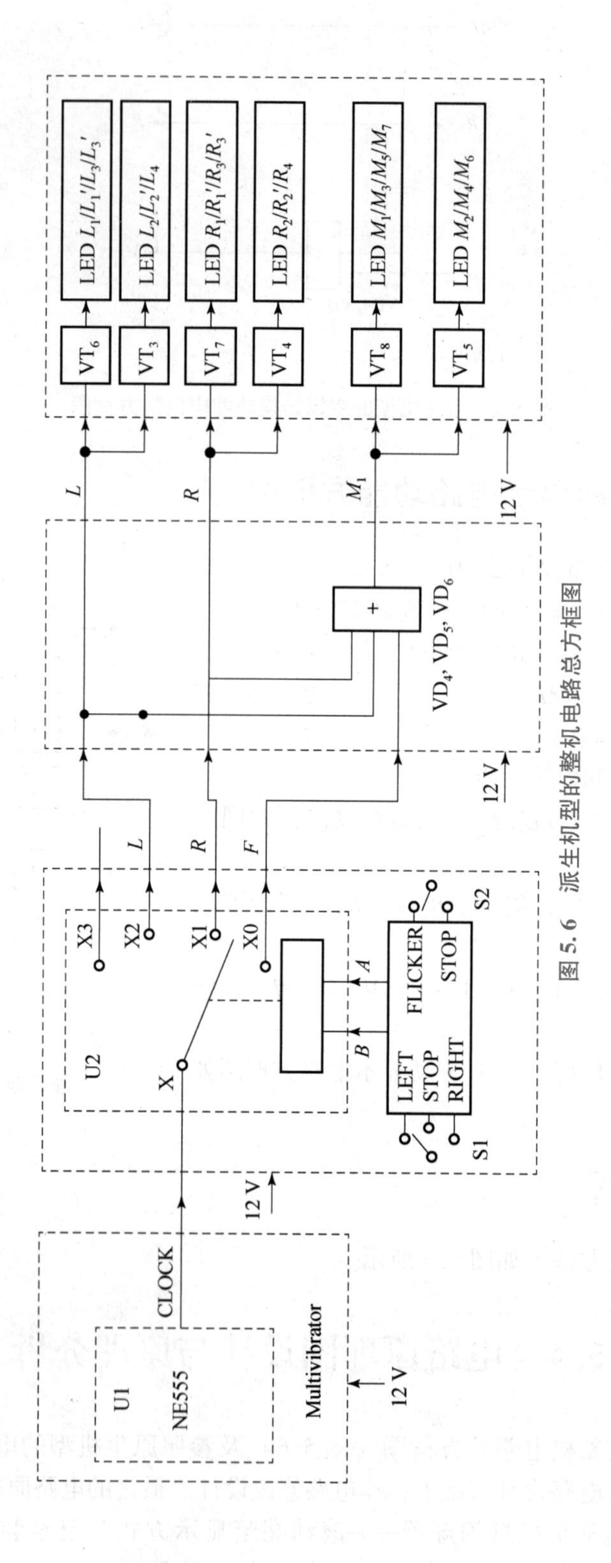

图 5. 6　派生机型的整机电路总方框图

5.5 BOM生成

同“电动车尾灯闪烁器－滚动亮暗（走马灯）显示方式”的BOM生成，只需在块3中删除原理图中3个圆圈内的元件即可，其他保持不变，BOM见表5.6。

表5.6 “电动车尾灯闪烁器——全亮全暗”的完整材料清单

序号	材料类别	简述	描述	位号	封装	单台数量
1	贴片电容	1 μF *	[普通电容 MLCCX7R +/－10% ＝容值－1 μF－电压＝25 V－封装＝0805 风华]	C'1	C－S－0805	1
2 *	贴片电容	0.1	[普通电容 MLCCX7R +/－10% ＝容值－0.1 μF－电压＝50 V－封装＝0805]	C2，C3，C4，C5，C6	C－S－0805	5
3 *	贴片电阻	0R	'RC0603FR－070RL【普通电阻1%－规格＝0R1/10W－封装＝SMD0603】YAGEO	R37，R38，R39	R－S－0603	3
4	贴片电阻	220K	'RC0603FR－07220KL【普通电阻1%－规格＝220K1/10W－封装＝SMD0603】YAGEO	R1，R2	R－S－0603	2
5	贴片电阻	1K2	【普通电阻5%－规格＝1K21/8W－封装＝SMD0805】国巨	R3，R26，R29，R32	R－S－0805	4
6 *	贴片电阻	10K	'RC0603JR－0710KL【普通电阻5%－规格＝10K1/10W－封装＝SMD0603】YAGEO，	R4，R5，R15，R16，R18，R19，R21，R22，R24，R25，R27，R28，R30，R31	R－S－0603	14
7	贴片电阻	820	【普通电阻5%－规格＝8201/8 W－封装＝SMD0805】	R17，R20，R23	R－S－0805	3
8	贴片电阻	2K7	'RC0603JR－072.7KL【普通电阻5%－规格＝2.7K1/10W－封装＝SMD0603】YAGEO	R38	R－S－0603	1
9 *	贴片二极管	1N4148	贴片二极管'1N4148W，封装SOD－123FL，CBI（ST）	D1，D2，D3，D4，D5，D6	SOD－123FL	6

续表

序号	材料类别	简述	描述	位号	封装	单台数量
10	贴片 LED	LED - S - 0603	贴片 LED 红色封装 = 0603	DE1	LED - S (0603)	1
11 *	贴片三极管	2N3904	贴片三极管'2N3904S - RTK/PS，SOT - 23 - 3，KEC	Q1，Q4，Q5，Q6，Q7，Q8	SOT - 23 - 3	6
12	贴片 IC	555	IC XL555，SOP - 8，XINLUDA（信路达）	U1	SO8	1
13	贴片 IC	HC4052	IC 74HC4052，SOP - 16，华冠	U3	SOP16	1
14	端子/插座	4 芯插座	4 芯插座，脚间距为 2.14mm	J1，J2	SIP4 - 2.0	2
15	LED	LED - DIP 5 mm	LED D = 5 mm 红色发光二极管，普通直插元件封装（亿光）	LED - L1 - L4，LED - L1′ - L3′，LED - M1 - M7，LED - R1 - R4，LED - R1′ - R3′，	LED DIP	21
16	开关	2 位按压开关	按压开关（有两个稳定位置，按一下锁定导通，再按一下弹起来断开）	导通：全闪 断开：停止		1
17	开关	3 位拨动开关	拨动开关（有 3 个稳定位置，可以左、中、右拨动）	左：左闪烁 中：停止 右：右闪烁		1
18	PCB	PCB	双面板，板厚 T = 1.6 mm，板尺寸为 70 mm × 50 mm			1

5.6　PCB 设计

同“电动车尾灯闪烁器——滚动亮暗显示方式”，共用一块 PCB。

本书提供的 PCB 已经对“滚动亮暗闪烁方式”与“亮暗交替闪烁方式”进行了兼容设计。所以在同一块 PCB 上可以实现本书中提到的两种显示方式。

5.7　安装

同“电动车尾灯闪烁器——滚动亮暗显示方式”，共用一块 PCB，安装位置及方法相同。

5.8　电路测试

5.8.1　波形测试

电路测试

（1）将S1、S2开关置于“左转”状态，测试并记录图5.7中信号点L及信号点M_1的波形；分别读出该两信号的周期（ms）、高电平、低电平的值（V）、占空比（%）。

（2）将S1、S2开关置于“右转”状态，测试并记录图5.7中信号点L及信号点M_1的波形；分别读出该两信号的周期（ms）、高电平、低电平的值（V）、占空比（%）。

5.8.2　电路功能测试

派生机型1
功能演示

分别将S1、S2开关置于“左转”“右转”“闪烁”及“停止”位置，验证整机LED的显示状态是否与表5.2派生机型的《产品规格书》的设计要求一致，并使用录像机拍摄记录LED阵列的显示效果。

5.9　思考与练习

（1）针对图5.7所示的电路原理中块4的显示驱动电路，共使用6只三极管来实现驱动。为节约成本，在确保本机电路功能不变的情况下，能否使用3只三极管来实现驱动？

____

____

______________________________。

如果能实现，请给出实现电路。同时记录汇总共节省多少个元器件。

____

____

____

（2）根据5.8.1小节的波形测试，可知当前电路参数所产生CLOCK信号的占空比在50%左右。试设法改变此CLOCK信号的占空比约为30%，即1/3周期为高电平、2/3周期为低电平，同时观察CLOCK信号占空比改变后的闪烁效果（分别在“左转、右转、闪烁”状态下观察验证）。

附录 1

电子企业常见英文缩写及意思

附表 1.1

英文缩写	英文原文	意思
	A	
ADC	Analog Digital Converter	模拟数字转换器
ADSL	Asymmetric Digital Subscriber Line	互动式多媒体服务
AI	Artificial Intelligence	人工智能
AI	Automatic Insertion	自动插件
ANSI	American National Standards Institute Inc.	美国国家标准机构
ANSI	American National Standard Institute	美国标准协会
AQL	Acceptable Quality Level	允许接收品质水准
AS	Standards Association of Australia	澳洲标准协会
AS/RS	Automatic Storage/Retrieval System	自动仓储系统
ASCII	American Standard Code for Information Interchange	美国标准信息交换码
ASS′Y	Assembly	装配
ATE	Automatic Test Equipment	自动测试设备
ATLO	Accept This Lot Only	仅接收此批货
AUX	Auxiliary	辅助设备/备用品
	B	
BC	Barcode	条形码
BGA	Ball Grid Array	栅格阵列式球状焊点封装
BIOS	Basic Input Output System	基本输入输出系统

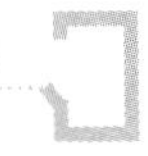

续表

英文缩写	英文原文	意思
BOM	Bill of Material	电子产品的元器件材料清单
BSI	British Standards Institution	英国标准协会
	C	
3C	Consumer, Computer, Communication	消费性、计算机、通信电子产品
C FLOW	Checkpoint Flow System	产品开发、生产作业流程
C&C	Computer & Communication	计算机及通信
CAD	Computer Aided Design	计算机辅助设计
CAE	Computer Aided Engineering	计算机辅助工程
CAM	Computer Aided Manufacturing	计算机辅助制造
CAT	Computer Aided Testing	计算机辅助测试
CAT	Computer Aided Teaching	计算机辅助教学
CCD	Charge Coupled Device	电荷耦合器件
CD – ROM	Compact Disk Read Only Memory	光碟只读存储器
CE	European Conformity	欧洲产品安规标志
CECC	CENELEC Electronic Components Committee	欧洲电工标准化组织电子零组件委员会
CEM	Contract Electronics Manufacturing	电子代工生产
CGA	Color Graphic Adapter	彩色图形卡
CKD	Component Knockdown	成套散件（出口）
CNS	China National Standard	中国国家标准
CPU	Central Processing Unit	中央处理单元
CQA	Customer Quality Assurance	顾客品质确认
CRC	Cyclic Redundancy Checking	循环多余码校验
CRP	Capacity Requirement Plan	产能需求计划
CRT	Cathode – Ray Tube	阴极射线管/显像管
CSA	Canadian Standards Association	加拿大标准协会
CTO	Configure To Order	订单化生产

续表

英文缩写	英文原文	意思
	D	
dB	Decibel	分贝
DC	Direct Current	直流电
DIMM	Dual In – line Memory Module	双列记忆体模组
DIN	Deutsches Institut for Normung E. V.	德国标准协会
DIP	Dual In – line Package	双列直插封装
DIY	Do – It – Yourself	自助式
DMA	Direct Memory Access	直接记忆存取
DMM	Digital Multi – meter	数字万用表
DOA	Dead On Arrival	到货不良品
DPI	Dot Per Inch	每英寸点数（分辨率）
DPMA	Dynamic Power Management Architecture	动态能源管理架构
DRAM	Dynamic Random Access Memory	动态随机存储（记忆体）器
DTV	Digital Television	数字电视
DVD	Digital Video Disks	数字影音光盘
DVD	Digital Video Display	数字影像显示（器）
DVD – R	Digital Video Disk – R	可记忆一次型数字影音光盘
DVD – RAM	Digital Video Disk – RAM	可重复读写型数字影音光盘
DVD – ROM	Digital Video Disk – ROM	只读型数字影音光盘
DVT	Development Verification Testing	设计验证测试
	E	
E. Ver.	Engineering Version	工程版本
ECC	Error Correct Code	错误校正码
ECN	Engineering Change Notice	工程更改通知
ECR	Engineering Change Request	工程变更要求

续表

英文缩写	英文原文	意思
EDI	Electronic Data Interchange	电子数据交换
EDI	Extended Data Output	延伸数据输出
EE	Electronic Engineering	电子工程（师）
EEPROM	Electrically Erasable Programmable ROM	电可擦除可编程只读存储器
EIA	Environmental Impact Assessment	环境影响评估
EIA	Electronic Industries Association	美国电子工业协会
EMC	Electromagnetic Compatibility	电磁兼容（性）
EMI	Electromagnetic Interference	电磁干扰
EMS	Electromagnetic Susceptibility	电磁干扰免疫力
EMS	Environmental Management System	环境管理系统
EN 60950	European Norms 60950	欧洲标准 60950
EOS	Electrical Overstress	电子超压（过应力）
EPA	Environmental Protection Association	环境保护评估
EPA	Enhanced parallel port	增强型并口
EPROM	Erasable Programming Read Only Memory	可擦除可编程只读存储器
ERP	Enterprise Resource Planning	企业资源规划系统
ESD	Electrostatic Discharge	静电放电
ESD Uniform	Electro Static Discharge Uniform	静电服
	F	
FCC	Federal Communications Commission	美国联邦通信委员会
FDD	Floppy Disk Drive	软盘驱动器
FDI	Failure Distribution Investigation	失效分布验证
FED	Field Emission Display	场致发光显示器
FG	Finished Goods	完成品
FIFO	First In First Out	先进先出
FM	Frequency Modulation	调频（频率调制广播）

续表

英文缩写	英文原文	意思
FMEA	Failure Model Efficiency Analysis	失效模式分析
FPC	Flex Printed Circuit	柔性印制电路板
FPYR	First Pass Yield Rate	首次测试通过率
FQC	Final Quality Control	最后品质控制
FYR	For Your Reference	仅供你参考
	G	
GMT	Greenwich Mean Time	格林尼治标准时间
GPS	Global Positioning System	全球卫星定位系统
GQC	Global Quality Center	全球品质中心
GRC	Global Repair Center	全球维修中心
	H	
HTML	Hyper Text Markup Language	超文本标记语言
	I	
IC	Integrated Circuit	集成电路
ICP	Internet Contents Provider	网络内容提供者
ICT	In – Circuit Tester	在线测试
ID	Industrial Design	工业设计
IE	Industrial Engineering	工业工程
IE	Internet Explorer	网络浏览器
IEC	International Electro – mechanical Commission	国际电机协会
IEC	International Electro – technical Commission	国际电工委员会
IEEE	Institute of Electrical and Electronic Engineers	美国电子电机工程协会

续表

英文缩写	英文原文	意思
IQC	Incoming Quality Control	进货品质控制
IR	Infrared Rays	红外线
IR Reflow	Infrared Reflow Machine	红外线回流焊机
ISA	Industrial Standards Architecture	工业标准规格
ISDN	Integrated Service Digital Network	集成服务数字网络
ISO	International Standards Organization	国际标准化组织
	J	
JCS	Japanese Cable Maker's Association Standard	日本电缆制造协会标准
JEM	The Japan Electrical Manufacturer's Association	日本电机工业协会
JIS	Japan Industry Standard	日本工业规格标准
JIS	Japan Industrial Standard	日本工业标准
JIT	Just – In – Time	丰田式及时生产
	L	
LAN	Local Area Network	区域网络
LASER	Light Alpmification by Stimulated Emission of Radiation	激光/镭射
LCD	Liquid Crystal Display	液晶显示器
LED	Light – Emitting Diode	发光二极管
LSIC	Large Scale Integration Circuit	大规模集成电路
	M	
ME	Manufacturing/Mechanical Engineering	制造/机械工程（师）
MFG	Manufacturing	制造
MLB	Multilayer Board	多层板
MLCC	Multilayer Ceramic Capacitor	多层陶瓷电容

续表

英文缩写	英文原文	意思
MO	Manufacturing Order	制造工单
MS	Manufacturing System	制造系统
MS	Manufacturing Specification	制造规格
MTBF	Mean Time Between Failure	平均无故障时间
MVT	Manufacturing Verification Testing	制造验证测试
	N	
NASA	National Aviation and Space Administration	美国航空航天局
NC	Network Computer	网络计算机
NC	Numerical Control	数值控制
NDF	No Defect Found	未发现不良品
NDI	Non – Destructive Inspection	非破坏性检验
NDT	Non – Destructive Testing	非破坏性测试
NG	Not Good	不良品
	O	
ODM	Original Design Manufacturing	原厂代工设计生产
ODM	Original Design and Manufacture	代工设计制造
OEM	Original Equipment Manufacture	原厂代工生产
OQA	On – going Quality Assurance	生产过程中品质确保
ORT	On – going Reliability Test	连续可靠性测试
OSC	Oscilloscope	示波器
OSS	On – Site Service	驻厂服务
	P	
P/N	Parts Number	物料编号

续表

英文缩写	英文原文	意思
P/R	Pilot Run	产品试作
PC	Personal Computer	个人计算机
PCB	Printed Circuit Board	印制电路板
PCBA	PCB Assembly	电路板装配
PD	Production Department	生产部
PDS	Product Development Schedule	产品开发计划时间表
PDP	Plasma Display Panel	等离子显示面板
PE	Product Engineering	产品工程
PES	Product External Specification	产品（外部）规格书
PGA	Pin Grid Array	矩阵式插件元件封装
PM	Product Manager/Product Management	产品经理
PMC	Production Material Control	生产物料控制
PPM	Parts Per Million	百万分之几
PTH	Plated Through – Hole	通孔
PUR	Purchase/Procurement	采购
PVC	Polyvinyl Chloride	聚氯乙烯/热塑性塑料
	Q	
QA	Quality Assurance	品质保证/品质确认
QC	Quality Control	品质控制
QCC	Quality Control Circle	品管圈
QE	Quality Engineer/Quality Engineering	品质工程（师）
QFP	Quad Flat Package	方形扁平封装
QIT	Quality Improvement Team	品质改善小组
Qty.	Quantity	数量
QVL	Qualified Vendor List	合格供应商名单
QVT	Quality Verification Testing	品质验证测试

续表

英文缩写	英文原文	意思
R		
R&D	Research & Development	研究发展
RF	Radio Frequency	无线电波频率/射频
RH	Relative Humidity	相对湿度
S		
S/W	Software	软件
SDRAM	Synchronous DRAM	同步动态随机存储器
SFCS	Shop Floor Control System	工厂资讯管理（控制）系统
SIP	Single Inline Package	单列直插封装
SKD	Semi Knockdown	散件出口组装
SMA	Surface Mount Assembly	表面粘贴装配
SMD	Surface Mount Devices	表面贴装元件
SMT	Surface Mount Technology	表面贴装技术
SOP	Small Outline Package	小外形封装
SOP	Standard Operating Procedure	标准作业程序
SPS	Switching Power Supply	开关式电源
SQC	Subcontractor Quality Control	供应商品质控制
SRAM	Static Random Access Memory	静态随机存储器
SVGA	Synchronic Video Graphics Adaptercard	同步视频图形转换卡
T		
TE	Test Engineering	测试工程
TFT	Thin Film Transistor	薄膜晶体管

续表

英文缩写	英文原文	意思
TFT－LCD	Thin Film Transistor－Liquid Crystal Display	薄膜晶体管－液晶显示器
TM	Technical Manager/Product Technical Management	技术经理
TQC	Total Quality Control	全面质量控制
TQM	Total Quality Management	全面质量管理
TSOP	Thin Small Outline Package	薄小外形封装
TSR	Technical Support Request	技术支援申请
	U	
UDMA	Ultra Direct Memory Access	超级直接存储器（内存）存取
UCL	Upper Control Limit	控制上限/上限界
UHF	Ultra－High Frequency	特高频率（电磁波）
UL	Underwriters Laboratories Inc.	美国保险业实验所
ULSI	Ultra Large Scale Integration	超大规模集成电路
UPS	Uninterrupted Power Supply	不间断供电电源
UPS	United Parcel Service	联合包裹快递服务
USB	Universal Serial Bus	通用串联汇联排（接口）
UTE	Union Technique de L'Electrite	法国电技联盟
UV	Ultra Violet Rays	紫外线
	V	
VCM	Voice Coil Motor	音圈马达
VCR	Video Cassette Recorder	盒式磁带录像机
VFD	Vacuum Fluorescent Display	真空荧光显示（器）
VGA	Video Graphics Adapter	视频图形卡
VHF	Very High Frequency	极高频率（电磁波）
VLSI	Very Large Scale Integration	极大规模集成电路

续表

英文缩写	英文原文	意思
VMA	Vendor Manufacture Audit	供应商制造审核
VQA	Vendor Quality Assurance	供应商品质保证
VQL	Vendor Quality Level	供应商品质水准
VTR	Video Tape Recorder	卡带式录像机
W、X、Y、Z		
Web TV	Web Television	网络电视
WIP	Work In Process	（尚在）制造过程中的半成品
WWW	World Wide Web	全球资讯网络（万维网）
X'TAL	Crystal	石英晶体振荡器
ECSA	Extended Customer Simulation Audit	延伸客户模拟审查
ZIG	Zigzag In－line Package	链齿状单排引脚封装

附录 2

PCB 设计规范（仅供参考）

PCB 设计之前，必须准备好以下资料。

（1）经过评审的、完全正确的原理图，包括纸质文件和电子文件。

（2）PCB 结构图，应标明外形尺寸、安装孔大小及定位尺寸、接插件定位尺寸、禁止布线区等相关尺寸。

（3）对于原理图中用到的所有器件，需要提供封装资料。

仔细审读原理图，理解电路的工作条件。如模拟电路的工作频率、数字电路的工作速度等与布线要求相关的要素。理解电路的基本功能、在系统中的作用等相关问题。

（1）在与原理图设计者充分交流的基础上，确认板上的关键网络，如电源、时钟、高速总线等，了解其布线要求。理解板上的高速器件及其布线要求。

（2）根据《硬件原理图设计规范》的要求，对原理图进行规范性审查。

（3）对于原理图中不符合硬件原理图设计规范的地方，要明确指出，并积极协助原理图设计者进行修改。

（4）在与原理图设计者交流的基础上制订出单板的 PCB 设计计划，填写设计记录表，计划要包含设计过程中原理图输入、布局完成、布线完成、信号完整性分析、光绘完成等关键检查点的时间要求。设计计划应由 PCB 设计者和原理图设计者双方签字认可。必要时，设计计划应征得上级主管的批准。

1. 创建网络表

（1）网络表是原理图与 PCB 的接口文件，PCB 设计人员应根据所用的原理图和 PCB 设计工具的特性，选用正确的网络表格式，创建符合要求的网络表。

（2）创建网络表的过程中，应根据原理图设计工具的特性，积极协助原理图设计者排除错误，保证网络表的正确性和完整性。

（3）确定元器件的封装（PCB Footprint）。

（4）创建 PCB 板。根据单板结构图或对应的标准板框，创建 PCB 设计文件。

注意：正确选定单板坐标原点的位置，原点的设置原则如下。

①单板左边和下边的延长线交汇点。

②单板左下角的第一个焊盘。板框四周倒圆角，倒角半径为 5 mm。特殊情况下可参考结构设计要求。

2. 布局

（1）根据结构图设置板框尺寸，按结构要素布置安装孔、接插件等需要定位的器件，并给这些器件赋予不可移动属性。按工艺设计规范的要求进行尺寸标注。

（2）根据结构图和生产加工时所需的夹持边，设置印制板的禁止布线区、禁止布局区域。根据某些元件的特殊要求，设置禁止布线区。

（3）综合考虑 PCB 性能和加工的效率选择加工流程。加工工艺的优选顺序为：元件面单面贴装—元件面贴、插混装（元件面插装焊接面贴装一次波峰成型）—双面贴装—元件面贴插混装、焊接面贴装。

（4）布局操作的基本原则。

①遵照“先大后小，先难后易”的布置原则，即重要的单元电路、核心元器件应当优先布局。

②布局中应参考原理框图，根据单板的主信号流向规律安排主要元器件。

③布局应尽量满足以下要求：总的连线尽可能短，关键信号线最短；高电压、大电流信号与小电流、低电压的弱信号完全分开；模拟信号与数字信号分开；高频信号与低频信号分开；高频元器件的间隔要充分。

④相同结构电路部分，尽可能采用“对称式”标准布局。

⑤按照均匀分布、重心平衡、版面美观的标准优化布局。

⑥器件布局栅格的设置，一般 IC 器件布局时，栅格应为 50 ~ 100 mil（1 mil = 0.025 4 mm），小型表面安装器件，如表面贴装元件布局时，栅格设置应不少于 25 mil。

⑦如有特殊布局要求，应双方沟通后确定。

（5）同类型插装元器件在 X 或 Y 方向上应朝一个方向放置。同一种类型的有极性分立元件也要力争在 X 或 Y 方向上保持一致，便于生产和检验。

（6）发热元件一般应均匀分布，以利于单板和整机的散热，除温度检测元件以外的温度敏感器件，应远离发热量大的元器件。

（7）元器件的排列要便于调试和维修，即小元件周围不能放置大元件、需调试的元器件周围要有足够的空间。

（8）需用波峰焊工艺生产的单板，其紧固件安装孔和定位孔都应为非金属化孔。当安装孔需要接地时，应采用分布接地小孔的方式与地平面连接。

（9）焊接面的贴装元件采用波峰焊接生产工艺时，阻容元件轴向要与波峰焊传送方向垂直，阻排及 SOP（PIN 间距不等于 1.27 mm）元器件轴向与传送方向平行；PIN 间距小于 1.27 mm（50 mil）的 IC、SOJ、PLCC、QFP 等有源元件避免用波峰焊焊接。

（10）BGA 与相邻元件的距离大于 5 mm。其他贴片元件相互间的距离大于 0.7 mm；贴装元件焊盘的外侧与相邻插装元件的外侧距离大于 2 mm；有压接件的 PCB，压接的接插件周围 5 mm 内不能有插装元器件，在焊接面周围 5 mm 内也不能有贴装元器件。

（11）IC 去耦电容的布局要尽量靠近 IC 的电源管脚，并使之与电源和地之间形成的回路最短。

（12）元件布局时，应适当考虑使用同一种电源的器件尽量放在一起，以便于将来的电源分隔。

（13）用于阻抗匹配目的阻容器件的布局，要根据其属性合理布置。串联匹配电阻的布局要靠近该信号的驱动端，距离一般不超过 500 mil。匹配电阻、电容的布局一定要分清信号的源端与终端，对于多负载的终端匹配一定要在信号的最远端匹配。

（14）布局完成后打印出装配图供原理图设计者检查器件封装的正确性，并且确认单板、背板和接插件的信号对应关系，经确认无误后方可开始布线。

3. 设置布线约束条件

1）报告设计参数

布局基本确定后，应用 PCB 设计工具的统计功能，报告网络数量、网络密度、平均管脚密度等基本参数，以便确定所需要的信号布线层数。信号层数的确定可参考附表 2.1 的经验数据。

附表 2.1

Pin 密度	信号层数	板层数
1.0 以上	2	2
0.6 ~ 1.0	2	4
0.4 ~ 0.6	4	6
0.3 ~ 0.4	6	8
0.2 ~ 0.3	8	12
<0.2	10	>14

注：PIN 密度的定义为：板面积（平方英寸）/（板上管脚总数/14）。

布线层数的具体确定还要考虑单板的可靠性要求、信号的工作速度、制造成本和交货期等因素。

（1）布线层设置在高速数字电路设计中，电源与地层应尽量靠在一起，中间不安排布线。所有布线层都尽量靠近一平面层，优选地平面为走线隔离层。为了减少层间信号的电磁干扰，相邻布线层的信号线走向应取垂直方向。可以根据需要设计 1 ~ 2 个阻抗控制层，如果需要更多的阻抗控制层，需要与 PCB 厂家协商。阻抗控制层要按要求标注清楚。将单板上有阻抗控制要求的网络布线分布在阻抗控制层上。

（2）线宽和线间距的设置。线宽和线间距的设置要考虑的因素如下。

①单板的密度。板的密度越高，倾向于使用更细的线宽和更窄的间隙。

②信号的电流强度。当信号的平均电流较大时，应考虑布线宽度所能承载的电流，线宽可参考下表所列数据。

③PCB 设计时铜箔厚度、走线宽度和电流的关系。

不同厚度、不同宽度的铜箔的载流量见附表 2.2。

附表 2.2

铜箔厚度、走线宽度和电流的关系					
铜皮厚度 35 μm　$\Delta t = 10$ ℃		铜皮厚度 70 μm　$\Delta t = 10$ ℃		铜皮厚度 50 μm　$\Delta t = 10$ ℃	
宽度/mm	电流/A	宽度/mm	电流/A	宽度/mm	电流/A
0.15	0.20	0.15	0.50	0.15	0.70
0.20	0.55	0.20	0.70	0.20	0.90

续表

铜箔厚度、走线宽度和电流的关系					
铜皮厚度 35 μm Δt = 10 ℃		铜皮厚度 70 μm Δt = 10 ℃		铜皮厚度 50 μm Δt = 10 ℃	
宽度/mm	电流/A	宽度/mm	电流/A	宽度/mm	电流/A
0. 30	0. 80	0. 30	1. 10	0. 30	1. 30
0. 40	1. 10	0. 40	1. 35	0. 40	1. 70
0. 50	1. 35	0. 50	1. 70	0. 50	2. 00
0. 60	1. 60	0. 60	1. 90	0. 60	2. 30
0. 80	2. 00	0. 80	2. 40	0. 80	2. 80
1. 00	2. 30	1. 00	2. 60	1. 00	3. 20
1. 20	2. 70	1. 20	3. 00	1. 20	3. 60
1. 50	3. 20	1. 50	3. 50	1. 50	4. 20
2. 00	4. 00	2. 00	4. 30	2. 00	5. 10
2. 50	4. 50	2. 50	5. 10	2. 50	6. 00

2）PCB 板常用材质

各种规格树脂及基材的用途分析见附表 2. 3。

附表 2. 3

规格	树脂	补强材	特性与用途
XXXP	酚醛树脂	绝缘纸	使用音响、收音机、黑白电视等家电
XXP - C	酚醛树脂	绝缘纸	可冷冲压，用途同 XXXP
FR - 2	酚醛树脂	绝缘纸	耐燃性
FR - 4	环氧树脂	玻纤布	计算机、仪表、通信用、耐燃性
G - 10	环氧树脂	玻纤布	一般用，用途同 FR - 4
CEM - 1	环氧树脂	玻纤布、绝缘纸	电玩、计算机、彩视用
CEM - 3	环氧树脂	玻纤布、玻纤不织布	同 CEM - 1 用途

很多电路板都用到了 FR4 + RCC 结构，RCC 是指什么材料？

RCC 是英文 Resin Coated Copper 的缩写，中文称为覆树脂铜箔或背胶铜箔。因其具备性能好、易加工、较低成本等特点被广泛运用于 HDI 中。

关键是胶（树脂）的研发，与环氧树脂易结合。通常 RCC 能有效提高 PCB 的耐温值达

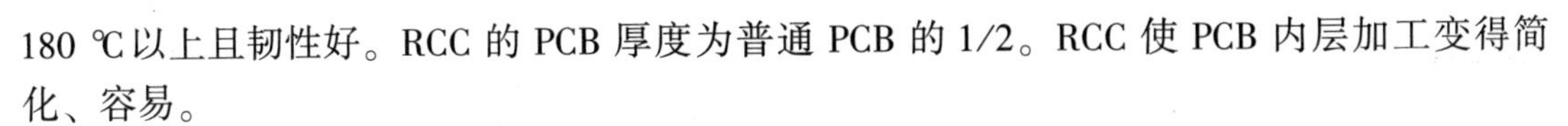

180 ℃以上且韧性好。RCC 的 PCB 厚度为普通 PCB 的 1/2。RCC 使 PCB 内层加工变得简化、容易。

3）高密度互连（HDI）材料 RCC

HDI 是英文 Hight Density Interconnection 的缩写，中文称为高密度互连，是随着电子技术更趋精密发展演变出来用于制作高精密度电路板的一种方法。可实现高密度布线和电路板的轻、薄、短、小化。

附录 3

部分习题参考答案

2.8　思考与练习参考答案

（1）绝大部分电子产品都经过从构想、设计验证、产品开发、试产、大批量生产直到停产的整个过程。每一个环节都设有一个关卡（Checkpoint），进行严格的检查，合格，则进入下一个环节；不合格，则需设计修改，直到合格方能进入下一个环节。这就是 C 流程（Checkpoint Flow）。

实施 C 流程的主要目的是：

①确保开发的产品品质及开发进度；

②区分职责，有效控制产品开发过程中的变动因素；

③明确各开发阶段的测试重点、技术文件及转移项目，确保顺利生产。

（2）产品生命周期进程包括 C0，C1，C2，C3，C4，C5，C6。各阶段的任务如下所述。

C0：完成市场需求构想规格书。

C1：a. 正式确定新产品的《产品规格书》；

b. 确定新产品的开发计划表；

c. 确定新产品的测试计划表；

d. 组建项目研发团队。

C2：a. 电路方框图设计；

b. 硬件（HW）设计；

c. 软件（SW）设计；

d. 结构设计；

e. PCB 设计；

f. 第一轮样机组装；

g. 第一轮样机测试。

C3：a. 样品试作；

b. 针对样品进行测试和验证；

c. 拟定 C3 品质量化目标；

d. 机构设计问题检讨及除错（Debug），测试报告检讨；

e. 电路设计问题检讨及除错（Debug），测试报告检讨；

f. 软体设计问题检讨及除错（Debug），测试报告检讨。

C4：a. 完成系统软件或应用软件之设计、测试及除错；
b. 正式发出电路图、材料清单及已验证料表供应商清单；
c. 进行工程试作阶段之测试、验证及除错并提出测试验证报告；
d. 提出工程试作阶段之测试报告及改善建议；
e. 完成生产或技术转移所需之相关测试及程序；
f. 法务部完成专利、著作权、商标申请。
C5：a. 进行安全及可靠性测试报告；
b. 提出验收测试报告；
c. 提出生产部试生产良率分析报告；
d. 残留问题追踪与结果；
e. 核查量产原材料状况；
f. 取得各项安全规格之合格证明；
g. 维修作业指导书；
h. 备用材料清单。
C6：a. 组织生产线大量生产；
b. 定期提出产品质量检验报告；
c. 定期提出生产部量产良率分析报告；
d. 定期提出生产效率报告。
(3) 新产品研发流程图如附图3.1所示。
(4) 产品开发计划表掌控开发进度、明确测试项目内容、合理分配现有人力和财力资源、密切协调研发团队的各成员合作关系，确保新产品能如期开发完成。
参考“LY开发试制计划”（如附图3.2所示）编写“电动车尾灯闪烁器”开发计划表。
(5) 5VSB，5V/0.66A；DC12V，12V/(37/6) A
(6)《产品规格书》制定的一般原则：设计任务的确定过程就是《产品规格书》（在很多企业内部称为PES）的确定过程。
《产品规格书》一般包含下列内容。
主要电气性能指标：
①产品正常工作需要的额定电源（电压、功率等）；
②外观性能：机械尺寸、重量、颜色等；
③产品必须达到的安全标准、可靠性标准；
④产品包装要求；
⑤产品的售后服务及维修。
以上是对客户公开的规格内容，故称之为PES（Product External Specification）。除此之外，一般还确定了在公司内部实行标准或要求，如：
①产品的材料成本要求；
②核心部件及关键方案；
③产品的生产工艺、调试要求。
《产品规格书》一般都是以表格、图片的形式出现，内容清晰、简洁，易于阅读和理解，避免用冗长的文字说明。

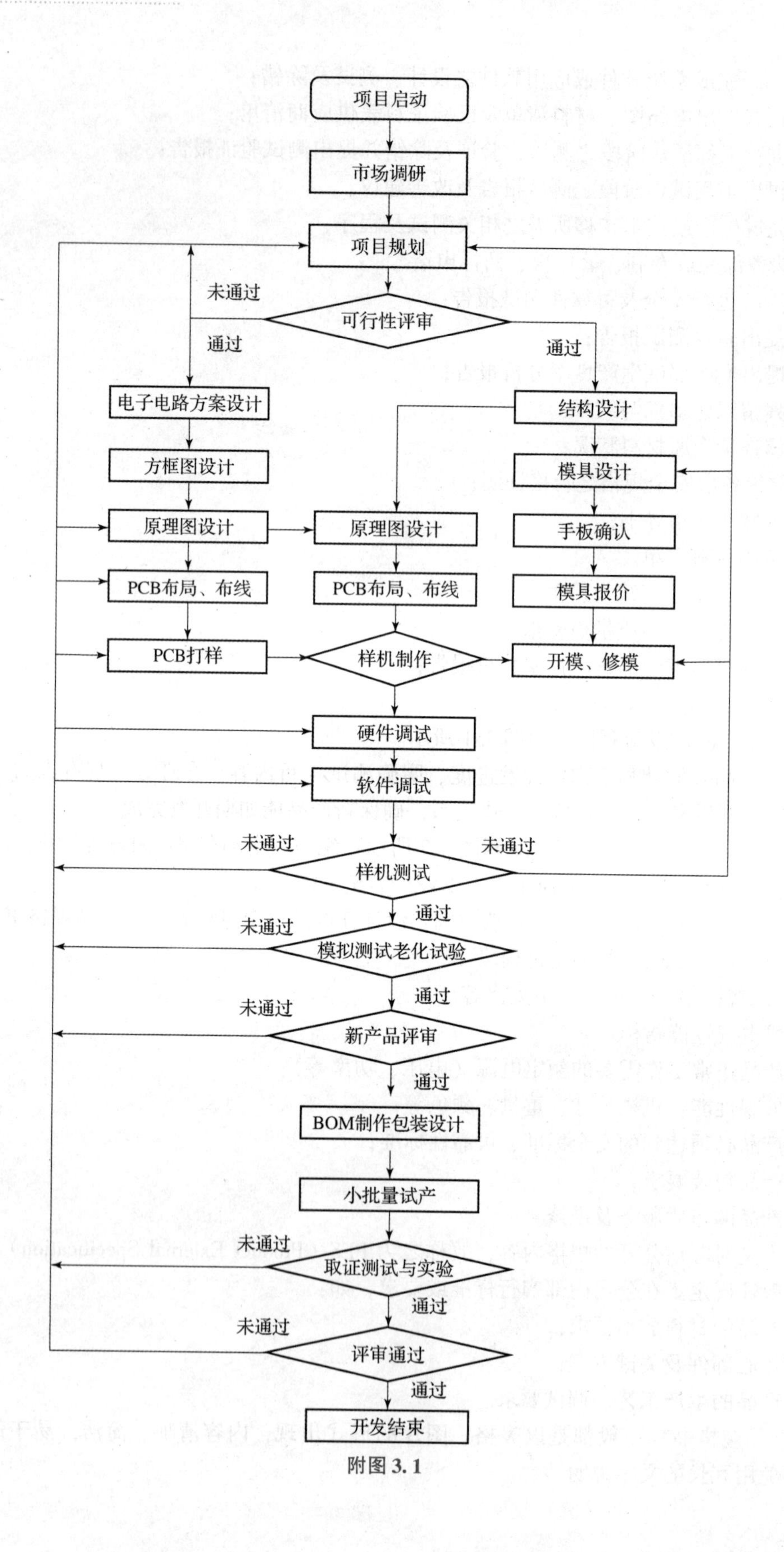
项目启动
市场调研
项目规划
未通过
可行性评审
通过
通过
电子电路方案设计
结构设计
方框图设计
模具设计
原理图设计
原理图设计
手板确认
PCB布局、布线
PCB布局、布线
模具报价
PCB打样
样机制作
开模、修模
硬件调试
软件调试
未通过
未通过
样机测试
通过
未通过
模拟测试老化试验
通过
未通过
新产品评审
通过
BOM制作包装设计
小批量试产
未通过
取证测试与实验
通过
未通过
评审通过
通过
开发结束

附图 3.1

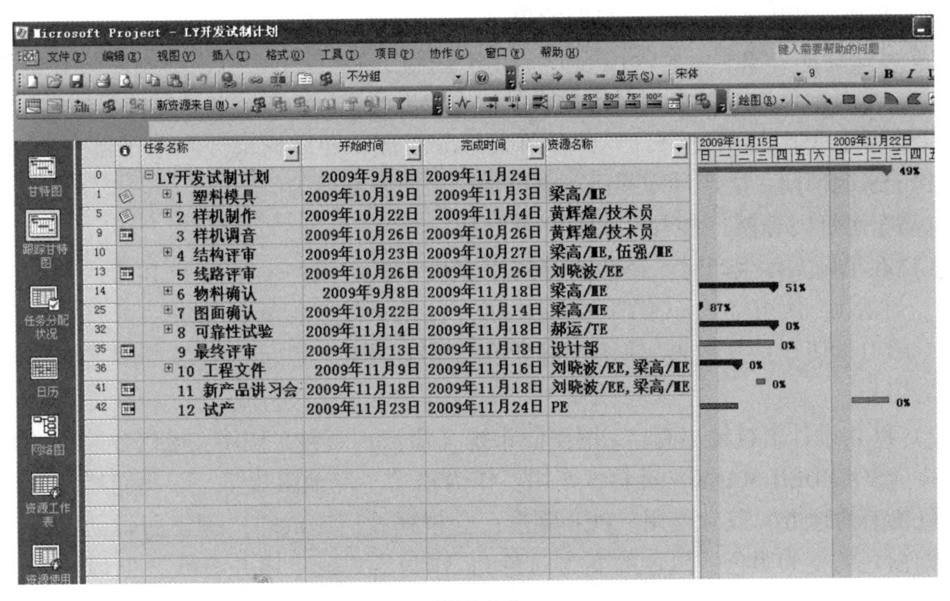

	任务名称	开始时间	完成时间	资源名称
0	LY开发试制计划	2009年9月8日	2009年11月24日	
1	1 塑料模具	2009年10月19日	2009年11月3日	梁高/ME
5	2 样机制作	2009年10月22日	2009年11月4日	黄辉煌/技术员
9	3 样机调音	2009年10月26日	2009年10月26日	黄辉煌/技术员
10	4 结构评审	2009年10月23日	2009年10月27日	梁高/ME，伍强/ME
13	5 线路评审	2009年10月26日	2009年10月26日	刘晓波/EE
14	6 物料确认	2009年9月8日	2009年11月18日	梁高/ME
25	7 图面确认	2009年10月22日	2009年11月14日	梁高/ME
32	8 可靠性试验	2009年11月14日	2009年11月18日	郝运/TE
35	9 最终评审	2009年11月13日	2009年11月18日	设计部
36	10 工程文件	2009年11月9日	2009年11月16日	刘晓波/EE，梁高/ME
41	11 新产品讲习会	2009年11月18日	2009年11月18日	刘晓波/EE，梁高/ME
42	12 试产	2009年11月23日	2009年11月24日	PE

附图 3.2

（7）电子产品电路方框图的设计六要素：

a. 指明输入信号（或多个信号），即指明一个任务或电路要处理何种信号；

b. 指明经过处理后的输出信号；

c. 指明本任务或电路的输入控制信号，即明确本任务或电路受何种控制信号控制；

d. 指明本任务或电路输出的控制信号；

d. 指明本任务或电路所用的电源（含交直流、频率、电压、电流等特性）；

f. 指明本任务或电路中担负关键作用的核心器件（如 IC）的位号。

（8）略

（9）“电动车尾灯闪烁器”整机电路的工作原理如下。

“电动车尾灯闪烁器”整机电路由下列四个模块组成：模块一 时钟信号（方波）电路；模块二 闪烁模式控制及电子模拟开关电路；模块三 逻辑变换电路；模块四 LED 显示及驱动电路。

模块一 时钟信号（方波）电路工作原理：利用 NE555 时基 IC，参考其规格书，选择合适参数，构成多谐振荡器，从 NE555 PIN3 脚产生频率为 3～5 Hz 的方波输出。

模块二 闪烁模式控制及电子模拟开关电路工作原理：两个控制开关 S1，S2 控制 U2（HC4052）PIN10（A）和 PIN9（B）的电平，组成四种有效状态：停止，左转，右转，闪烁。时钟信号从 U2 PIN13 脚输入，在两个开关 S1 及 S2 的控制下，分别从 U2 的 PIN11，PIN15，PIN14，PIN12 脚输出，将信号送到模块三。

模块三 逻辑变换电路工作原理：利用三极管作倒相，实现逻辑非功能；利用二极管实现逻辑或功能。

模块四 LED 显示及驱动电路：利用 NPN 三极管的导通和截止两种状态来控制驱动 LED 的发光；同时利用多个 LED 同时发光（如 LED L1&L1’&L3&L3’）的特点，可以让一个 NPN 三极管驱动 3 个、4 个 LED。

（10）BOM：Bill of Material，材料清单。

BOM 分层作用：由于一个公司或工厂是由多部门组成的生产链，他们之间有分工、协作的关系，也有前后段的关系，但是必须保证不能出现遗漏、脱节和重复的事情发生。

一个实际电子产品系统中，至少有两大部分组成，即结构部分和电子部分。BOM 分层，有利于采购部门、生产计划部门、生产部门、研发部门等。

“电动车尾灯闪烁器”参看模块 2 中表 2.18。

（11）在工厂实际生产时，经常能看到由多块小板组成的一个大 PCB 板，我们称之为“拼板”。方法 1：使用“V - CUT”实现连接，在元器件装配焊接完成后可直接手工掰开或使用专用刀具切开；方法 2：使用“邮票孔”实现连接，在元器件装配焊接完成后使用专用刀具切开。

（12）PCB 设计资料输出有：①铜皮面布线（铜箔）资料，作用：电气连接。②铜皮面焊盘图片（SOLEDER MASK）资料，作用：作为喷涂“绿油阻焊”（即我们经常看到的铜皮面绿色覆盖的地方）胶片使用。PCB 制造厂会根据我们提供的“铜皮面焊盘资料”翻拍负片（即白色的变为黑色，黑色的变为白色）；作为给焊盘上锡并喷涂“助焊剂”胶片使用，以便以后更好地焊接装配。③钻孔图资料，作用：钻孔图资料是为 PCB 上各种元件（除 SMD 元件之外）的引脚孔径、PCB 板固定孔、还有一些其他的散热孔、安全开槽等需要在 PCB 上所开的各种形状的孔或槽的图样。④元件面丝印资料，作用：装配需要。⑤底面丝印资料，作用：维修需要，安全警示需要。⑥内层布线资料、作用：电气连接。

3.2.9 思考与练习参考答案

（1）完成附表 3.1 时钟信号电路的 BOM。

附表 3.1

Level	Part Number	Description	规格/型号	数量	位号
1	81. MODULE1	时钟发生电路任务		1	
2		TIMER IC	NE555 DIP8	1	U1
2		二极管	1N4148	1	D1
2		瓷片电容	0.1 μF/50V，±20%	3	C1，C2，C3
2		碳膜电阻	220 kΩ，1/4W	2	R1，R2
2		碳膜电阻	1 kΩ，1/4W	1	R3
2		四芯插座（2.5 mm）	Pitch 2.5 mm，白色	1	J1
2		裸导线 Pitch = 10 mm	镀银丝 0.6 mm	1	JP10

（2）在块 1 电路中，如 $R_1 = R_2 = 5.1\ \text{k}\Omega$，$C_1 = 0.01\ \mu\text{F}$。

①本时钟电路的振荡频率。

$$T_1 = 0.69R_1C_1 = 0.69 \times 5.1 \times 1\,000 \times 0.01 \times 0.000\,001 = 3.519 \times 10^{-5}(\text{s})$$

$$T_2=0.69R_2C_1=0.69\times5.1\times1\ 000\times0.01\times0.000\ 001=3.519\times10^{-5}(\text{s})$$

$$T=T_1+T_2=3.519\times10^{-5}+3.519\times10^{-5}=7.038\times10^{-5}(\text{s})$$

$$f=1/T=1/(7.038\times10^{-5})=14.2(\text{kHz})$$

②略

③略

④引起这种误差的原因：电阻 R_1，R_2 有误差，电容 C_1 有误差；电容误差较大，对频率影响大。

本题提示：

CLOCK 信号的占空比

$$q=R_1/(R_1+R_2)$$

CLOCK 信号的周期

$$T=0.69\times(R_1+R_2)\times C_1$$

为了不改变闪烁频率，即不改变 CLOCK 信号的周期，也就是在 C_1 电容不变的情况下，只要保证 R_1+R_2 的和不变，改变 R_1，R_2 的值即可改变占空比。为了实现 30% 左右的占空比，我们可以取 $R_2=2\times R_1$，即

$$R_1=150\ \text{k}\Omega$$

$$R_2=300\ \text{k}\Omega$$

改变后的效果观察：略

（3）根据“视觉暂留”效应，图像显示频率为 24 Hz 时，人眼感觉图像是连续的，当 CLOCK 信号的频率改到 3～5 Hz，人眼感觉图像是闪烁的，比较明显。

（4）根据式（3.11），输出脉冲的占空比 $q=T_1/T=R_1/(R_1+R_2)$，本例中 $R_1=R_2=5.1\ \text{k}\Omega$，所以输出脉冲占空比 $q=0.5=50\%$，即不可能大于 50%。

如果想得到大于 50% 的占空比（比如 75%），即 $R_1/(R_1+R_2)=0.75$，也即 $R_1=3\times R_2$。

为了达到本例中电路输出脉冲频率相近，且占空比在 75% 左右。则选择 $R_2=2.4\ \text{k}\Omega$，$R_1=3\times R_2=7.2\ \text{k}\Omega$，实际 R_1 选用 7.5 kΩ 阻值的电阻。重新计算真实占空比

$$q=7.5/(2.4+7.5)=0.757\ 5=75.75\%$$

（5）没有。

3.3.8　思考与练习参考答案

（1）完成附表 3.2 信号分配电路的 BOM。

附表 3.2

Level	Part Number	Description	规格/型号	数量	位号
1	81. MODULE2	信号分配及控制电路任务		1	
2		IC 多路信号分配	HC4052 DIP16	1	U2

续表

Level	Part Number	Description	规格/型号	数量	位号
2		二极管	1N4148	2	D2，D3
2		瓷片电容	0.1 μF	2	C4，C5
2		碳膜电阻	10 kΩ，1/4W	2	R4，R5

（2）图 3.28 中 S1、S2 共有 6 种状态，RR 和 LL 的几种组合：

RR 有效是右转显示，只有 1 种组合，即开关 S2 处于 STOP 状态（S2 的 PIN1 与 PIN2 相连接）；开关 S1 打到 RR（S1 的 PIN4 与 PIN1 相连接）。

LL 有效是左转显示，只有 1 种组合，即开关 S2 处于 STOP 状态（S2 的 PIN1 与 PIN2 相连接）；开关 S1 打到 LL（S1 的 PIN4 与 PIN2 相连接）。

①是通过哪些元件及电路进行转换的？

答：RR 有效，U2 PIN9（B）是低电平（0），U2 PIN10（A）是高电平（1）；

LL 有效，U2 PIN9（B）是高电平（1），U2 PIN10（A）是低电平（0）。

②这个电路从逻辑电路的角度进行分析，是属于何种电路？

答：从逻辑电路的角度进行分析，这个电路是用分立元件模拟电路实现的与逻辑电路。

3.4.8 思考与练习参考答案

（1）本模块逻辑变换电路如附图 3.3 所示。

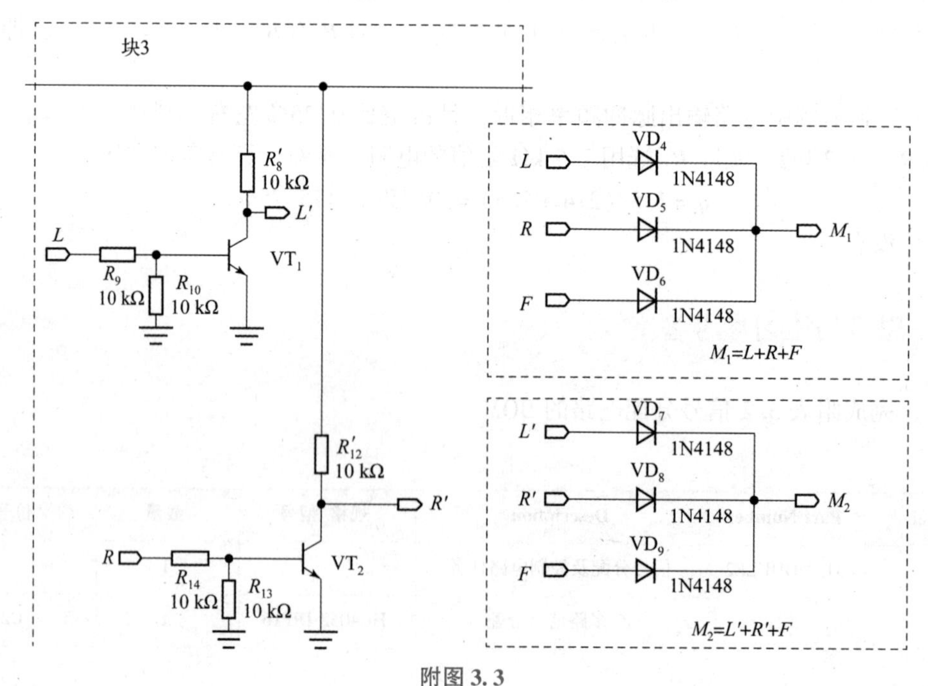

附图 3.3

附图 3.3 的左半边两只三极管及其周边电阻完成 L、R 信号的反相功能，其输出信号为 $L' = \overline{L}$，$R' = \overline{R}$。其工作原理为：

输入信号 L 为高电平时，有电流经 R_9 流入到 VT_1 的基极，此时会有放大的集电极电流由电源 V_{CC}（12 V），经过 R_8'、VT_1 的 C 端、VT_1 的 E 端、电源地。此时 VT_1 饱和，VT_1 的 C 端（也就是 L'）为低电平。而当输入信号 L 为低电平时，没有电流流入到 VT_1 的基极，此时 VT_1 截止，VT_1 的 C 端（也就是 L'）为高电平。故图中的 R_9、R_{10}、VT_1、R_8'组成了反相电路，实现反相功能，使 $L' = \overline{L}$。

同理，图中的 R_{14}、R_{13}、VT_2、R_{12}'组成了反相电路，实现反相功能，使 $R' = \overline{R}$。

附图 3.3 的右半边电路是由三只二极管 VD_4、VD_5、VD_6 组成，二极管的正极分别连接到 L、R、F 信号端，它们的负端连接到一起，作为输出端 M_1。此种连接方法，是利用了 M_1 后端驱动电路的基极电阻，共同实现了“线或”功能，实现了 $M_1 = L + R + F$。

其工作原理：当 L、R、F 信号有任一个、或两个、或三个信号为高电平时，使对应的二极管导通（导通时，二极管的导通压降 V_D 约为 0.3 V），其输出端 M_1 的电压与输入端（任一高电平输入）电压基本相等（约低一个导通压降 V_D），也即输出端 M_1 为高。仅当三个输入端均为低电平时，输出端 M_1 才为低电平。故实现了逻辑“线或”功能。

同理，三只二极管 VD_7、VD_8、VD_9 组成的电路实现了逻辑 $M_2 = L' + R' + F$“线或”功能。

（2）完成逻辑变换电路的 BOM 表（附表 3.3）。

附表 3.3

Level	Part Number	Description	规格/型号	数量	位号
1	81. MODULE3	信号分配及控制电路任务		1	
2		二极管	1N4148	6	D4，D5，D6，D7，D8，D9
2		三极管	9013	2	Q1，Q2
2		碳膜电阻	10 kΩ，1/4W	6	R9，R10，R13，R14，R8′，R12′

（3）电路测试。

①静态测试：逻辑非电路 $L \to L'$、$R \to R'$功能测试，将测试结果填入开关位置与本机工作状态逻辑关系表中（附表 3.4）。

附表 3.4

转向开关位置	闪烁开关位置	本机工作状态	*L*(Left)	*R*(Right)	*F*(Flicker)
STOP	STOP	停止状态	略	略	略
L	STOP	左转状态	略	略	略
R	STOP	右转状态	略	略	略

续表

转向开关位置	闪烁开关位置	本机工作状态	*L*(Left)	*R*(Right)	*F*(Flicker)
STOP	FLICKER	闪烁状态	略	略	略
L	FLICKER				
R	FLICKER				

②略

3.5.8 思考与练习参考答案

（1）图3.43驱动电路中，在LED灯亮那段时间，对应的驱动三极管为饱和状态。即VT_3、VT_4、VT_5、VT_6、VT_7、VT_8均会处于饱和状态。

饱和状态下基极电流与集电极电流满足：$I_B \geqslant I_C/\beta$（β为三极管的放大倍数）

集电极电流是LED的工作电流。

（2）略（可以查看LED的规格书中其工作电流与正向电压的关系图）

（3）略

（4）多个LED的并联型驱动电路，所有的LED及其限流电阻（需要的总电阻数与LED数相等，即需要的电阻多）串联后，再并联。故总的驱动电流是各个LED的工作电流总和，要求驱动三极管的I_{cm}足够大。根据三极管的饱和条件，要求其基极驱动电流也要足够大，否则易退出饱和区而工作在放大区。另外，由于是多路LED并联，总压降也就是一个LED的正向工作电压及限流电阻上的压降，所以驱动电路的工作电源电压可以比较低(可以低到3.3 V)。

多个LED串联型驱动电路，所有的LED都是串联后，再加一个限流电阻（需要的总电阻数少)，故总的驱动电流就是一个LED的工作电流（所有的LED工作电流相等，因为是串联），对驱动三极管的I_{cm}要求小。对应的基极驱动电流也比较小。但由于是多个LED串联，每个LED的工作电压V_d也是串联，故要求驱动电路的工作电源电压比较高（比如4个LED串联驱动电路，每个LED的工作电压V_d约为2 V，4个LED就需要8 V，故选择12V的工作电源电压)。

（5）略

（6）略

（7）略

（8）略

5.9 思考与练习参考答案

（1）由图5.7原理图，VT_3和VT_6是受相同信号控制，在保证驱动能力的情况下，是可以将两只三极管VT_3、VT_6合并成一只三极管的；同理VT_4和VT_7、VT_5和VT_8也各可以合并为一只三极管。所以本电路可以简化为3只三极管驱动。

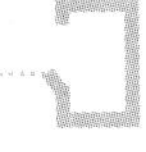

由于原电路中 LED－L1，LED－L1′，LED－L3，LED－L3′的回路工作电流为 I_1，I_1 也是流过电阻 R_{17}（820 Ω）的电流，设本电路中红色 LED 的正向导通压降 $V_d=1.7$ V，三极管 VT_6 的饱和导通压降 $V_{ces}=0.3$ V，

$$I_1=(V_{CC}-V_{ces}-4\times V_d)/R_{17}=(12-0.3-4\times1.7)/820=4.9/820=5.9(\mathrm{mA})$$

同理，可知原电路中 LED－L2，LED－L2′，LED－L4 的回路工作电流 I_2，也是流过电阻 R_{26}（1.2 kΩ）的电流，$I_2=(V_{CC}-V_{ces}-3\times V_d)/R_{26}=(12-0.3-3\times1.7)/1\ 200=6.6/1\ 200=5.5$（mA）

两个回路合并的电流为 $I=I_1+I_2=11.4$（mA），这个总电流由一只原来的三极管（2N3904）来承担完全胜任。

故实现精简电路为：

取消 VT_3，R_{24}，R_{25}，R_{37}，且将 LED－L4 的负极用导线连接到 VT_6 的集电极。

同理，取消 VT_4，R_{27}，R_{28}，R_{38}，且将 LED－L4 的负极用导线连接到 VT_7 的集电极。

取消 VT_5，R_{30}，R_{31}，R_{39}，且将 LED－L4 的负极用导线连接到 VT_6 的集电极。

共节省 12 只元件（分别为 3 只三极管、9 只 0603 的贴片电阻）。

（2）略

附录 4

器件规格书（中文版本）

74HC4052
2 路四选一模拟开关
产品说明书

说明书发行履历：

版本	发行时间	新制/修订内容
2010 - 01 - A	2010 - 01	更换新模板
2012 - 01 - B1	2012 - 01	增加说明书编号及发行履历

1. 概述

74HC4052 是一块带有公共使能输入控制位的 2 路四选一模拟开关电路。每一个多路选择开关都有 4 个独立的输入输出（$Y_0 \sim Y_3$）、一个公共的输入输出端（Z）和选择输入端（A）。公共使能输入控制位包括两个选择输入端 A_0、A_1 和一个低有效的使能输入端 $\bar{E}$。

每一路都包含了 4 个双向模拟开关，开关的一边连接到独立输入输出（$Y_0 \sim Y_3$），另一边连接到公共输入输出端（Z）。

当 $\bar{E}$ 为低电平时，4 个开关中的其中一个被 A_0 和 A_1 选通（低阻导通态）。当 $\bar{E}$ 为高电平时，所有开关都处于高阻断态，与 A_0 和 A_1 无关。

V_{DD}和 V_{SS}是连接到数字控制输入（A_0、A_1 和 $\bar{E}$）的电源电压。

$V_{DD} \sim V_{SS}$的范围是 3 ~ 9 V，模拟输入输出（$Y_0 \sim Y_3$ 和 Z）能够在最高 V_{DD}、最低 V_{EE}之间变化。$V_{DD} \sim V_{EE}$不会超过 9 V。

对于用作数字多路选择开关，V_{EE}和 V_{SS}是连在一起的（通常接地）。

74HC4052 主要应用于模拟多路选择开关、数字多路选择开关及信号选通。

封装形式：DIP16/SOP16/TSSOP16。

2. 功能框图及引脚说明

（1）功能框图（附图 4. 1）。

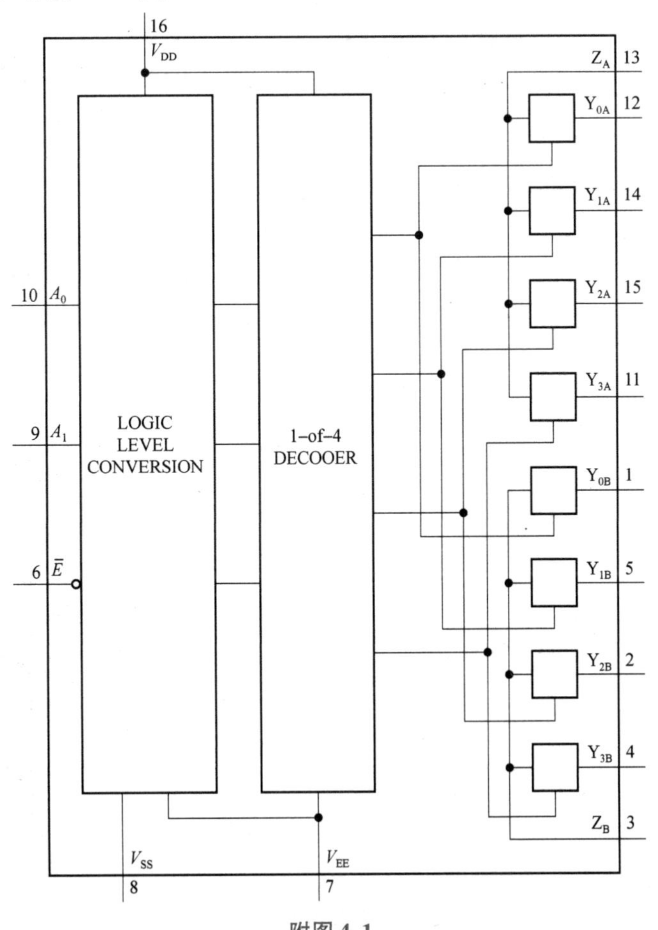

附图 4. 1

①电路图。(一个开关)(附图 4.2)。

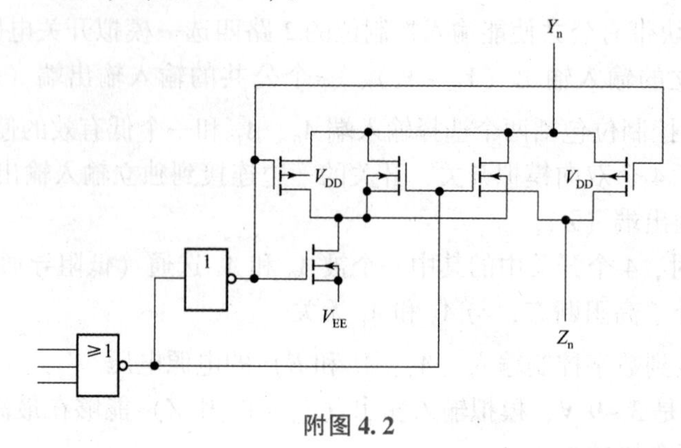

附图 4.2

②逻辑图(附图 4.3)。

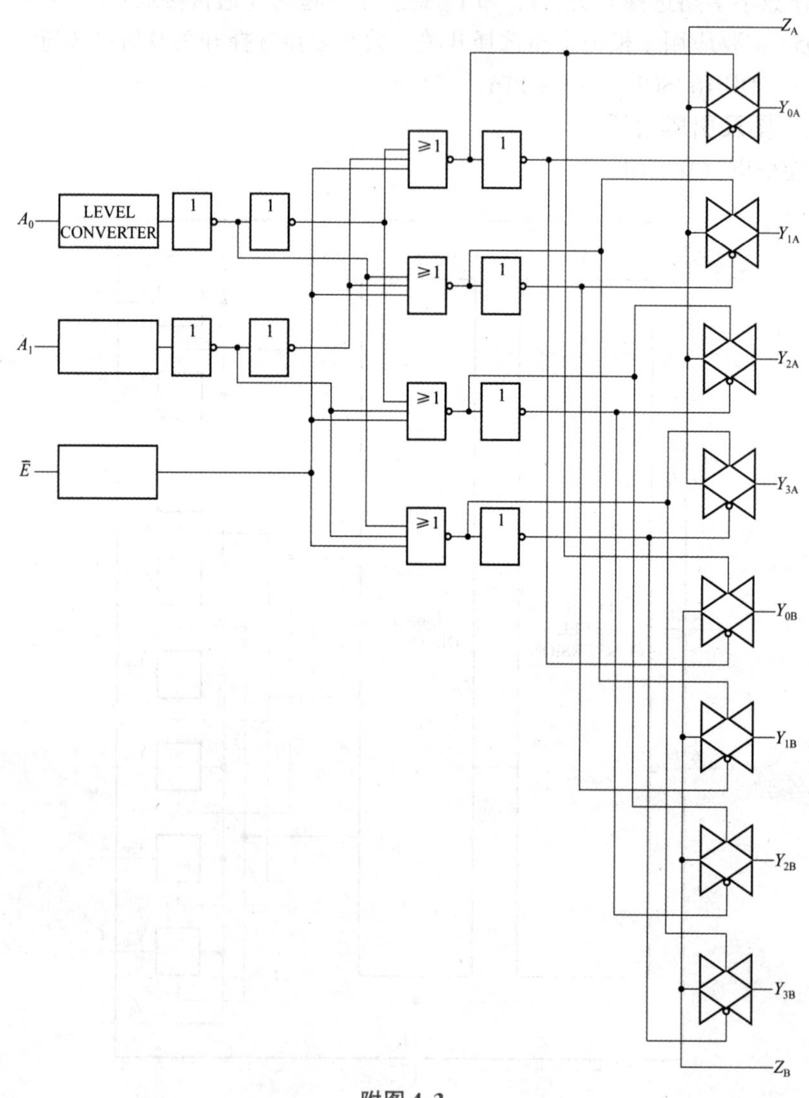

附图 4.3

（2）引脚排列图。（附图4.4）。

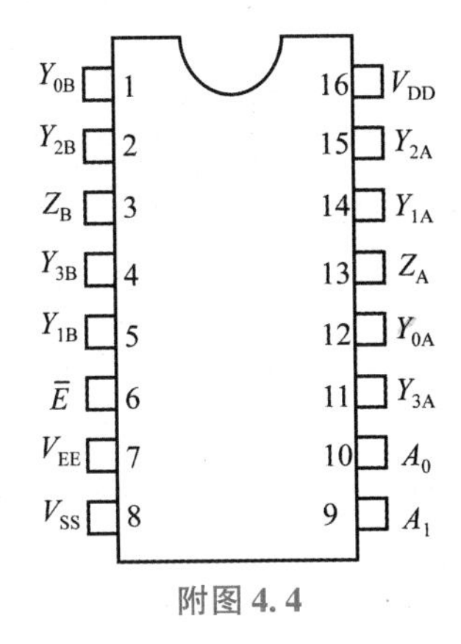

附图 4.4

（3）引脚说明（附表4.1）。

附表 4.1

引脚	符号	功能	引脚	符号	功能
1	Y_{0B}	B 路独立输入输出	9	A_1	选择输入
2	Y_{2B}	B 路独立输入输出	10	A_0	选择输入
3	Z_B	A、B 路各自共用输入输出	11	Y_{3A}	A 路独立输入输出
4	Y_{3B}	B 路独立输入输出	12	Y_{0A}	A 路独立输入输出
5	Y_{1B}	B 路独立输入输出	13	Z_A	A、B 路各自共用输入输出
6	$\bar{E}$	使能输入（低电平有效）	14	Y_{1A}	A 路独立输入输出
7	V_{EE}	负电源电压	15	Y_{2A}	A 路独立输入输出
8	V_{SS}	接地	16	V_{DD}	正电源电压

（4）功能说明（真值表、逻辑关系等）（附表4.2）。

附表 4.2

输入			沟道导通
$\bar{E}$	A_1	A_0	
L	L	L	$Y_{0A}-Z_A$；$Y_{0B}-Z_B$
L	L	H	$Y_{1A}-Z_A$；$Y_{1B}-Z_B$
L	H	L	$Y_{2A}-Z_A$；$Y_{2B}-Z_B$
L	H	H	$Y_{3A}-Z_A$；$Y_{3B}-Z_B$
H	x	x	无

注：1. H 是高电平状态（较高的正电压）。
2. L 是低电平状态（较低的正电压）。
3. “x” 是任意状态。

3. 电特性

（1）极限参数（附表4.3）。

附表 4.3

符号	参数	条件		最小	最大	单位
V_{DD}	电源电压范围			-0.5	+12	V
$V_{DD}\sim V_{EE}$	电源电压范围			-0.5	+12	V
I_Q	静态电流	$V_{DD}-V_{EE}=12$ V			2	μA
V_I	输入电压范围			-0.5	$V_{DD}+0.5$	V
$\|I_{IH}\|$	高电平输入电流	$V_{DD}=5$ V，$V_I=V_{DD}$			1	μA
$\|I_{IL}\|$	低电平输入电流	$V_{DD}=5$ V，$V_I=0$ V			1	μA
V_{IO}	输入输出电压范围			$V_{EE}-0.5$	$V_{DD}+0.5$	V
I_{IK}	输入钳位电流	$V_I<-0.5$ V 或 $V_I>V_{DD}+0.5$ V		—	±20	mA
I_{IOK}	输入输出钳位电流	$V_{IO}<V_{EE}-0.5$ V 或 $V_{IO}>V_{DD}+0.5$ V		—	±20	mA
I_T	开关导通电流	$V_O=-0.5$ V ~ $V_{DD}+0.5$ V		—	±25	mA
I_{DD}，I_{GND}	V_{DD}或 GND 电流			—	±50	mA
P_D	功耗				500	mW
T_{STG}	储存温度			-65	+150	℃
T_{OP}	工作温度			-40	+85	℃
T_L	焊接温度	10 s	DIP 封装		245	℃
			SOP 封装		250	

（2）推荐使用条件（附表4.4）。

附表 4.4

符号	参数	条件	最小	典型	最大	单位
V_{DD}	电源电压		3.0	5.0	9.0	V
V_{EE}	电源电压		-6.0		0	V
$V_{DD}\sim V_{EE}$	电源电压		3.0		9.0	V
V_I	输入电压		0	—	V_{DD}	V
V_{IO}	输入输出电压		V_{EE}	—	V_{DD}	V
t_r、t_f	输入上升、下降时间	$V_{CC}=3.0$ V	—	—	1 000	ns
		$V_{CC}=5.0$ V	—		500	ns
		$V_{CC}=6.0$ V	—	—	400	ns
T_{OP}	工作温度		-40	—	+85	℃

(3) 电气特性。

①直流特性（附表4.5）。

附表 4.5

参数	$V_{DD}\sim V_{EE}$/V	符号	典型	最大	单位	条件
导通电阻	5 9	R_{ON}	350 80	2 500 245	Ω	$V_{is}=0\sim V_{DD}-V_{EE}$
导通电阻	5 9	R_{ON}	115 50	340 160	Ω	$V_{is}=0$
导通电阻	5 9	R_{ON}	120 65	365 200	Ω	$V_{is}=V_{DD}-V_{EE}$
任意两个通道导通电阻的差值	5 9	ΔR_{ON}	25 10	— —	Ω	$V_{is}=0\sim V_{DD}-V_{EE}$
关断态漏电流（所有通道关断）	5 9	I_{OZZ}	— —	— 1 000	nA	$\overline{E}$ 处于 V_{DD}
关断态漏电流（任一通道）	5 9	I_{OZY}	— —	— 200	nA	$\overline{E}$ 处于 V_{EE}

导通电阻的测试见附图4.5。

导通电阻是输入电压的函数（$I_{is}=200\ \mu A$ $V_{SS}=V_{EE}=0$ V）（附图4.6）。

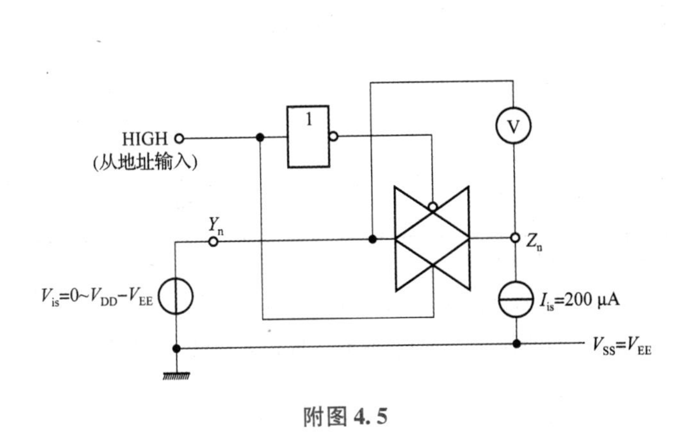

附图 4.5

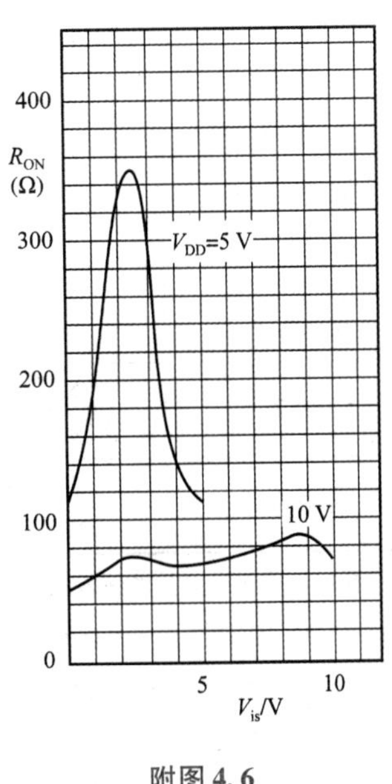

附图 4.6

②交流特性（$V_{SS}=V_{EE}=0$ V，$T_{amb}=25$ ℃，输入跃变时间≤20 ns）（附表4.6）。

附表 4.6

一块电路的动态功率耗散 P		V_{DD}/V	功率计算公式/μW			f_i 是输入频率（MHz） f_o 是输出频率（MHz） C_L 是负载电容（pF） $\sum(f_oC_L)$是输出之和 V_{DD}是电源电压（V）	
		5 9	$1\ 300f_i+\sum(f_oC_L)\times V_{DD}{}^2$ $6\ 100f_i+\sum(f_oC_L)\times V_{DD}{}^2$				
参数		V_{DD}/V	符号	典型	最大	单位	备注
传输延时 $V_{is}\to V_{os}$	高到低	5 9	t_{PHL}	10 5	20 10	ns	注释 1
	低到高	5 9	t_{PLH}	10 5	20 10	ns	注释 1
传输延时 $A_n\to V_{os}$	高到低	5 9	t_{PHL}	150 65	305 135	ns	注释 2
	低到高	5 9	t_{PLH}	150 75	300 150	ns	注释 2
输出禁止时间 $\overline{E}\to V_{os}$	高	5 9	t_{PHZ}	95 90	190 180	ns	注释 3
	低	5 9	t_{PLZ}	100 90	205 180	ns	注释 3
输出使能时间 $\overline{E}\to V_{os}$	高	5 9	t_{PZH}	130 55	260 115	ns	注释 3
	低	5 9	t_{PZL}	120 50	240 100	ns	注释 3
失真（正弦波响应）		5 9		0.25 0.04		%	注释 4
任意两个通道之间的干扰		5 9		— 1		MHz	注释 5
串扰，使能端或选择端到输出		5 9		— 50		mV	注释 6
关断态		5 9		— 1		MHz	注释 7
导通态频率响应		5 9		13 40		MHz	注释 8

注释：V_{is}是 Y 或 Z 端的输入电压，V_{os}是 Y 或 Z 端的输出电压。

1. $R_L=10$ kΩ 到 V_{EE}；$C_L=50$ pF 到 V_{EE}；$\overline{E}=V_{SS}$；$V_{is}=V_{DD}$（方波）；如附图 4.7 所示。

2. $R_L=10$ kΩ；$C_L=50$ pF 到 V_{EE}；$\overline{E}=V_{SS}$；$A_n=V_{DD}$（方波）；测量 t_{PLH}时 $V_{is}=V_{DD}$，R_L 到 V_{EE}；测量 t_{PHL}时 $V_{is}=V_{EE}$，R_L 到 V_{DD}，如附图 4.7 所示。

3. $R_L=10$ kΩ；$C_L=50$ pF 到 V_{EE}；$\overline{E}=V_{DD}$（方波）；测量 t_{PHZ}和 t_{PZH}时，$V_{is}=V_{DD}$，R_L 到 V_{EE}；测量 t_{PLZ}和 t_{PZL}时，$V_{is}=V_{EE}$，R_L 到 V_{DD}；如附图 4.7 所示。

4. $R_L=10$ kΩ；$C_L=15$ pF；通道开通；$V_{is}=V_{DD(p-p)}/2$（正弦波，在 $V_{DD}/2$ 处对称），$f_{is}=1$ kHz；如附图 4.8 所示。

5. $R_L=1\ \mathrm{k}\Omega$；$V_{is}=V_{DD(p-p)}/2$（正弦波，在 $V_{DD}/2$ 处对称）；20 lg（V_{os}/V_{is}） = −50dB；如附图4.9所示。

6. $R_L=10\ \mathrm{k}\Omega$ 到 V_{EE}；$C_L=15$ pF 到 V_{EE}；$\overline{E}$ 或 $A_n=V_{DD}$（方波）；干扰是 $|V_{os}|$（峰值）；如附图4.7所示。

7. $R_L=1\ \mathrm{k}\Omega$；$C_L=5$ pF；通道关断；$V_{is}=V_{DD(p-p)}/2$（正弦波，在 $V_{DD}/2$ 处对称）：20 lg（V_{os}/V_{is}） = −50 dB；如附图4.8所示。

8. $R_L=1\ \mathrm{k}\Omega$；$C_L=5$ pF；通道开；$V_{is}=V_{DD(p-p)}/2$（正弦波，在 $V_{DD}/2$ 处对称）；20 lg（V_{os}/V_{is}） = −3 dB；如附图4.8所示。

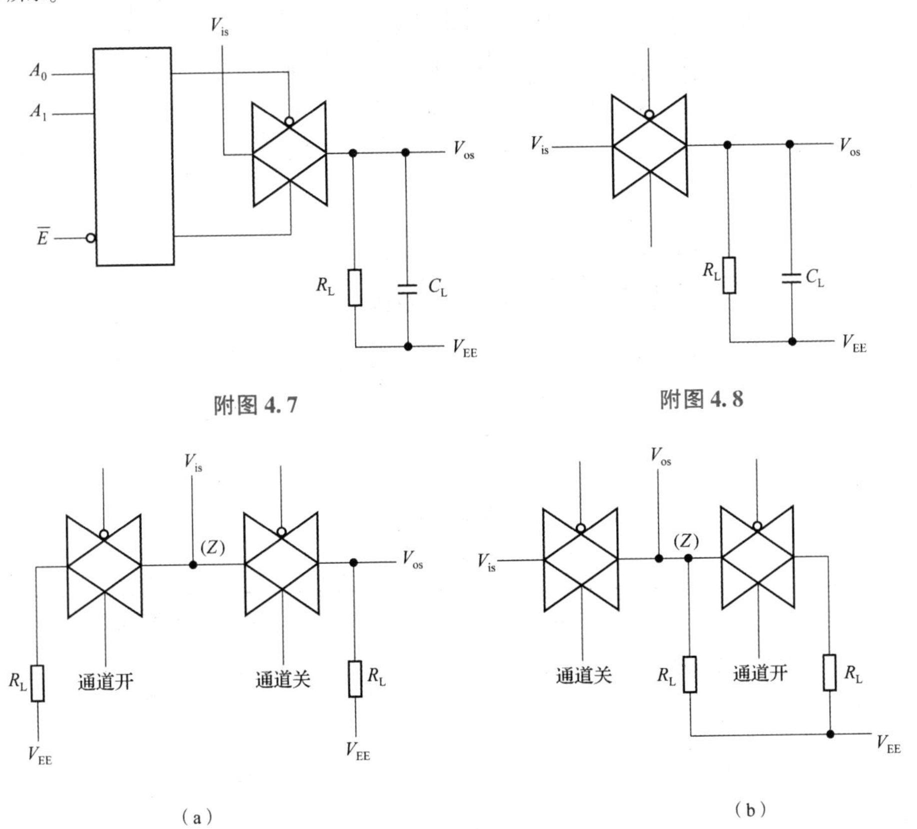

附图4.7

附图4.8

附图4.9

4. 应用说明

电路工作区域如附图4.10所示。

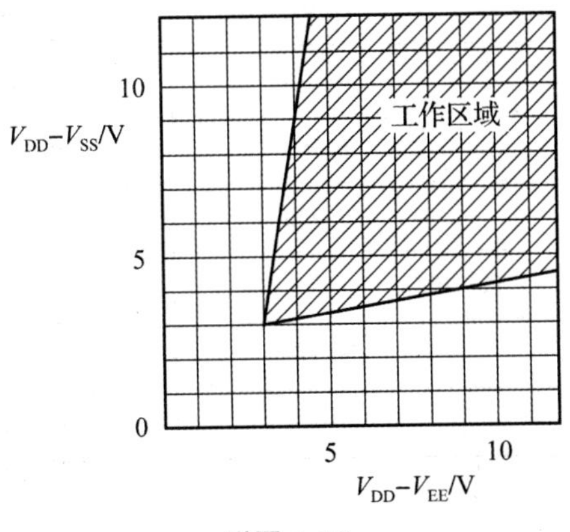

附图4.10

5. 封装尺寸与外形图

（1）DIP16 - 外形图（附图 4. 11）与封装尺寸（附表 4. 7）。

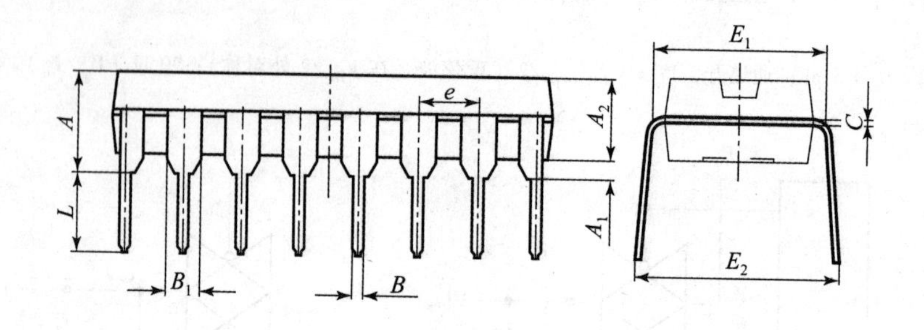

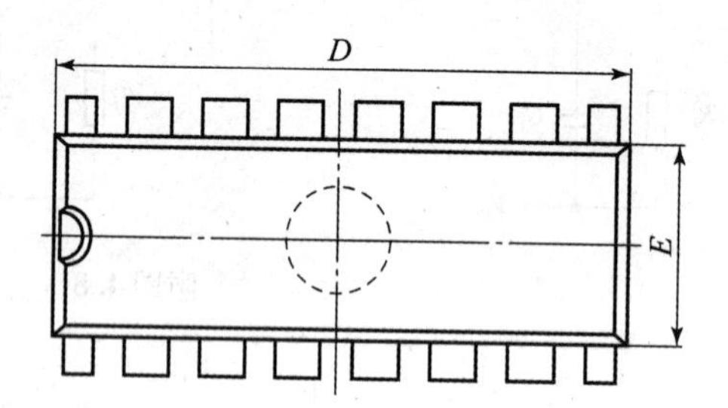

附图 4. 11

附表 4. 7

符号	尺寸/mm		尺寸/英寸	
	最小值	最大值	最小值	最大值
A	3. 710	4. 310	0. 146	0. 170
A_1	0. 510		0. 020	
A_2	3. 200	3. 600	0. 126	0. 142
B	0. 380	0. 570	0. 015	0. 022
B_1	1. 524（BSC）		0. 060（BSC）	
C	0. 204	0. 360	0. 008	0. 014
D	18. 800	19. 200	0. 740	0. 756
E	6. 200	6. 600	0. 244	0. 260
E_1	7. 320	7. 920	0. 288	0. 312
e	2. 540（BSC）		0. 100（BSC）	
L	3. 000	3. 600	0. 118	0. 142
E_2	8. 400	9. 000	0. 331	0. 354

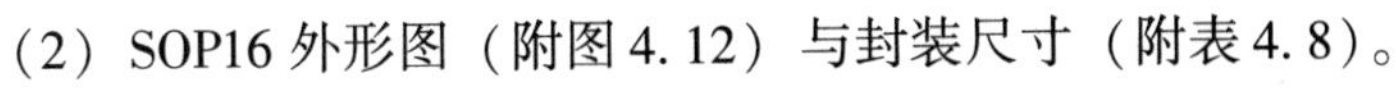
（2）SOP16 外形图（附图 4. 12）与封装尺寸（附表 4. 8）。

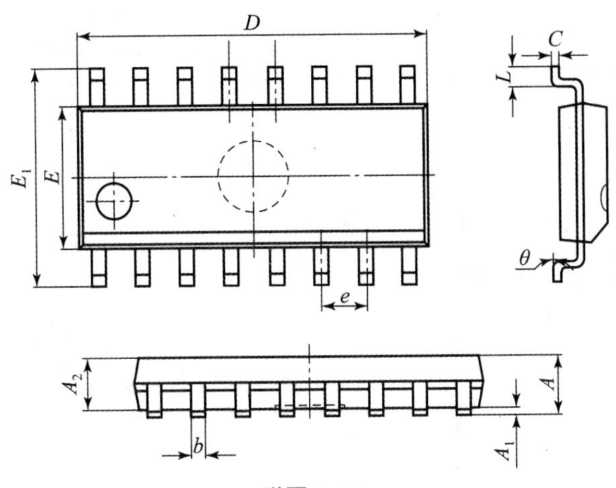

附图 4. 12

附表 4. 8

符号	尺寸/mm		尺寸/英寸	
	最小值	最大值	最小值	最大值
A	1. 350	1. 750	0. 053	0. 069
A_1	0. 100	0. 250	0. 004	0. 010
A_2	1. 350	1. 550	0. 053	0. 061
b	0. 330	0. 510	0. 013	0. 020
c	0. 170	0. 250	0. 007	0. 010
D	9. 800	10. 200	0. 386	0. 402
E	3. 800	4. 000	0. 150	0. 157
E_1	5. 800	6. 200	0. 228	0. 244
e	1. 270(BSC)		0. 050(BSC)	
L	0. 400	1. 270	0. 216	0. 050
θ	0°	8°	0°	8°

（3）TSSOP16 外形图（附图 4. 13）与封装尺寸（附表 4. 9）。

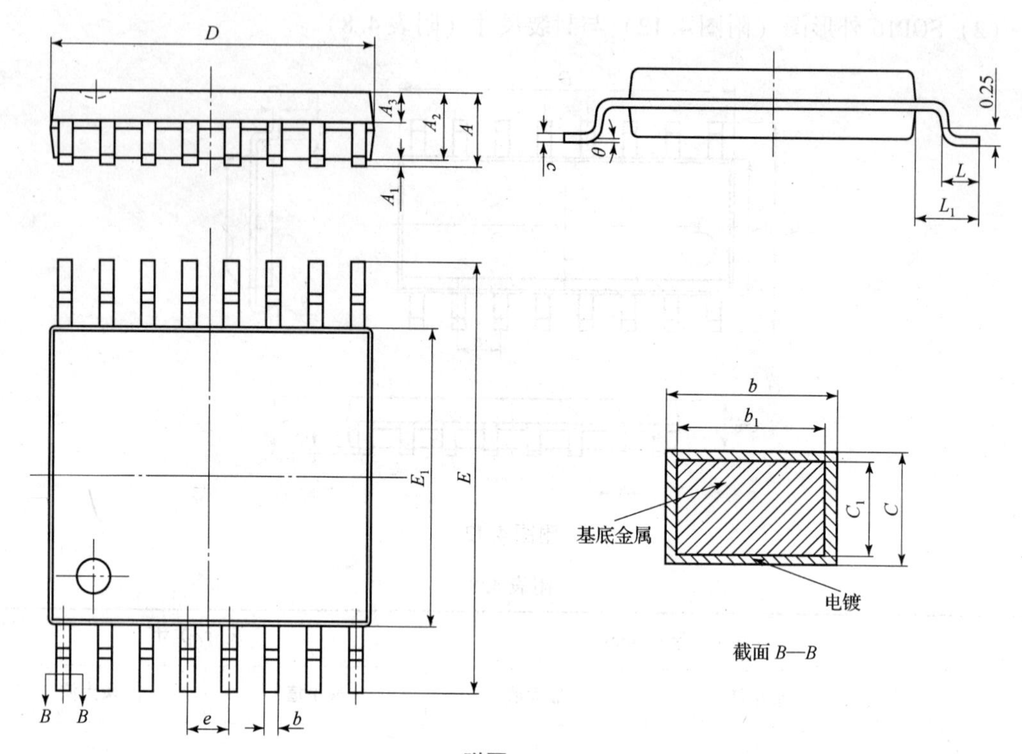

附图 4. 13

附表 4. 9

符号	尺寸/mm	
	最小值	最大值
A	—	1. 20
A_1	0. 05	0. 15
A_2	0. 90	1. 05
A_3	0. 39	0. 49
b	0. 20	0. 30
b_1	0. 19	0. 25
c	0. 13	0. 19
c_1	0. 12	0. 14
D	4. 86	5. 06
E	6. 20	6. 60
e	0. 65(BSC)	
L	0. 45	0. 75
L_1	1. 00(BSC)	
θ	0	8°

6. 声明及注意事项

（1）产品中有毒有害物质或元素的名称及含量（附表4.10）。

附表4.10

部件名称	有毒有害物质或元素					
	铅（Pb）	汞（Hg）	镉（Cd）	6阶铬（Cr（Ⅵ））	多溴联苯（PBBs）	多溴联苯醚（PBDEs）
引线框	○	○	○	○	○	○
塑封树脂	○	○	○	○	○	○
芯片	○	○	○	○	○	○
内引线	○	○	○	○	○	○
装片胶	○	○	○	○	○	○
说明	○：表示该有毒有害物质或元素的含量在SJ/T11363－2006标准的检出限以下。 ×：表示该有毒有害物质或元素的含量超出SJ/T11363－2006标准的限量要求。					

（2）注意。

在使用本产品之前建议仔细阅读本资料。

本资料中的信息如有变化，恕不另行通知。

本资料仅供参考，本公司不承担由此而引起的任何损失。

本公司也不承担任何在使用过程中引起的侵犯第三方专利或其他权利的责任。